U0378600

智能物联网导论

吴功宜 吴英 编著

南开大学

INTRODUCTION TO INTELLIGENT INTERNET OF THINGS

机械工业出版社

CHINA MACHINE PRESS

图书在版编目（CIP）数据

智能物联网导论 / 吴功宜，吴英编著 . -- 北京：机械工业出版社，2022.7（2024.12 重印）
物联网工程专业系列教材
ISBN 978-7-111-71217-6

Ⅰ. ①智… Ⅱ. ①吴… ②吴… Ⅲ. ①物联网 - 高等学校 - 教材 Ⅳ. ① TP393.4 ② TP18

中国版本图书馆 CIP 数据核字（2022）第 124379 号

本书以 AIoT 为主线，由浅入深、循序渐进地剖析 AIoT 概念、技术与应用的发展，构建了脉络清晰的 AIoT 知识体系，并从"物"（T）、"网"（I）、"智"（A）的不同角度对 AIoT 的技术特征进行了深入剖析。本书通过多个具有代表性的应用案例，介绍了 AIoT 应用系统的设计思路与实现方法，帮助读者加深对 AIoT 概念与技术的理解。

本书由 4 章组成。第 1 章介绍 IoT 的形成，第 2 章介绍 AIoT 的发展，第 3 章介绍 AIoT 关键技术，第 4 章介绍 AIoT 应用领域。全书内容精练、层次清晰、图文并茂、通俗易懂。

书中内容符合教育部计算机专业教学指导分委员会审定的"高等院校物联网工程专业发展战略研究报告暨专业规范（第二版）"知识体系基本要求，可作为物联网工程专业导论课教材，以及计算机、电子工程及相关专业教材或教学参考书，也可作为文、经、管、法、医、农等专业的公选课教材，还可供 AIoT 产品研发人员、技术管理人员阅读。

出版发行：机械工业出版社（北京市西城区百万庄大街 22 号　邮政编码：100037）

责任编辑：朱　劼		责任校对：殷　虹	
印　　刷：涿州市般润文化传播有限公司		版　　次：2024 年 12 月第 1 版第 4 次印刷	
开　　本：185mm×260mm　1/16		印　　张：11.25	
书　　号：ISBN 978-7-111-71217-6		定　　价：59.00 元	

客服电话：（010）88361066　68326294

前　　言

我国正处于高技术创新发展与新工业革命的历史交汇期。人工智能、云计算、大数据、5G、边缘计算、区块链与物联网技术交叉融合，将广泛应用于各行各业与社会的各个层面。机器智能与深度学习、虚拟现实与增强现实、可穿戴计算与智能机器人技术都在物联网应用中展现出迷人的魅力，推动了物联网（IoT）向智能物联网（AIoT）的快速发展。新技术、新应用、新业态层出不穷，围绕核心技术、平台与标准的竞争日趋激烈。

AIoT 不是一种新的 IoT，它标志着 IoT 进入了更高的发展阶段。AIoT 将 IoT 的"人 – 机 – 物"融合扩展到"人 – 机 – 物 – 智"的融合。AIoT 研究的最终目标是要达到"感知智能、认知智能与控制智能"的境界。

以人工智能与物联网深度融合为特征的 AIoT 一问世就受到学术界与产业界的高度重视。本书以 AIoT 为主线，由浅入深、循序渐进地剖析 AIoT 的概念、技术与应用，力求构建出脉络清晰的 AIoT 知识体系。

本书由 4 章组成。第 1 章系统地介绍了影响 IoT 形成与发展的社会背景与技术背景，以及 IoT 的主要技术特征与应用领域。第 2 章系统地讨论了驱动 AIoT 发展的各种因素，从"物"（T）、"网"（I）、"智"（A）的不同角度对 AIoT 的技术特征进行了深入剖析，介绍了 AIoT 体系结构与技术架构研究的基本方法。第 3 章系统地介绍了支撑 AIoT 发展的关键技术，重点分析了感知、接入、边缘计算、5G、基于 IP 的核心交换网、云计算、大数据、智能控制 / 数字孪生、区块链等技术与 AIoT 的关系。第 4 章系统地介绍了智能工业、智能电网、智能交通、智能医疗、智慧城市的基本概念与研究的主要内容。

本书的编写遵循以下几个基本原则。

第一，深入学习国家战略性新兴产业发展思路与物联网技术和产业发展规划，服务于国家发展战略。

第二，贴近技术与产业发展前沿，反映 AIoT 产业发展现状与人才需求，服务于我国 AIoT 产业创新型人才的培养。

第三，在保证教材科学性与前瞻性的前提下，重视 AIoT 知识体系的系统性与趣味性，内容尽可能贴近读者。

第四，力求做到内容精练、层次清晰、图文并茂、通俗易懂，以提高可读性。

在写作与内容取舍的过程中，考虑到物联网工程、计算机、电子工程等理工科专业学生与文、经、管、法、医、农等其他专业学生知识基础的差异，本书力求做到只要读者具备信息技术基础知识，就能够读懂书中的内容。

书中选取了 5 个具有代表性的 AIoT 应用领域，在每个领域列举、分析了一些应用场景与成功的应用案例，帮助读者开阔学术眼界，启发读者的学习兴趣，加深读者对 AIoT 概念与技术的理解。我们还列举了一些当前研究的重要领域和方向，希望读者能够从本书的技术讨论中找到自己感兴趣的研究课题。

每章章末设计了多道趣味性很强的思考题。这些思考题既贴近 AIoT 技术发展，又尽可能地贴近读者的生活、工作与学习。书中增加了读者感兴趣的智能人机交互、智能网联汽车、5G、北斗与数字孪生等内容，同时增加了一些关于新技术与前瞻性应用的思考题，例如"设想一种最能够发挥北斗与 5G 融合优势的 AIoT 应用场景""设计一款能够向家长随时报告儿童行踪的运动鞋""设想一种智能医疗需要用到数字孪生的应用场景"，以及"分析边缘云与核心云的协同工作关系"等，以启发和引导读者的创新性思维。这种新技术融合应用类的题目是当前 AIoT 研究的热点问题，不可能有确切和统一的答案。建议任课教师结合 MOOC 课程，有选择地使用这些思考题，通过"翻转课堂"的形式，组织学生进行充分讨论。我们也鼓励学生查看网络上的资料与技术文献，开阔思路，提出一些"奇思妙想"的应用场景和解决方案。也许这些讨论会让学生受到启发，他们可以组成团队，沿着这些"奇思妙想"继续开展学习和研究，带着创新性的研究成果去参加教育部计算机教指委组织的物联网大赛，或将其作为今后"创新、创业"的课题。这样做的目的就是希望将课程教学从"知识传授型"转变为启发、引导学生的"创新创业型"。

本书可以作为物联网工程专业导论课的教材、计算机相关专业以及工科专业的教材或参考书，也可作为文、经、管、法、医、农等专业的选修课教材，还可供 AIoT 产品研发人员、技术管理人员阅读。如果读者对书中涉及的技术与研究内容感兴趣，可以继续阅读作者编著的《物联网工程导论》（第 3 版）与《深入理解物联网》。

AIoT 技术具有典型的交叉学科特点，内容涉及多个学科，作者在准备和写作的过程中认真阅读了很多书籍和文献，请教了很多老师与产业界人士，可以说本书凝聚了很多智者的心血。本书的第 1、2 章由吴功宜执笔完成，第 3、4 章由吴英执笔完成。

感谢教育部计算机教指委的傅育熙教授、王志英教授、李晓明教授、蒋宗礼教授，感谢物联网工程专业专家组上海交通大学的王东教授、华中理工大学的秦磊华教授、吉林大学的胡成全教授、西北工业大学的李士宁教授、武汉大学的黄传河教授、西安交通大学的桂小林教授、四川大学的朱敏教授，感谢南开大学的徐敬东教授、张建忠教授。感谢机械工业出版社的温莉芳和朱劼编辑多年来对作者的支持与帮助。

受学识与经历所限，我们对 AIoT 的认识难免片面，本书只能起到抛砖引玉的作用。若书中对某一方面技术的理解有误或不准确，或者在总结中出现挂一漏万的问题，敬请读者不吝赐教。

吴功宜　wgy@nankai.edu.cn

吴　英　wuying@nankai.edu.cn

南开大学计算机学院

2022 年 2 月 22 日

教 学 大 纲

一、课程的地位、作用和任务

导论性课程是"高等院校物联网工程专业发展战略研究报告暨专业规范（2020版）"建议的专业核心课程中的第一门课程，也是物联网工程专业学生的入门课程。

"智能物联网导论"课程主要介绍 AIoT 的基本概念、核心技术和应用前景，帮助学生了解物联网工程专业的教学与课程体系、应掌握的知识结构与技能要求，培养学生的学习兴趣，开阔学生的学术视野，为其后续课程的学习打下坚实的基础。

二、课程教学的目的和要求

本课程的目的是让物联网工程专业的学生在进入专业知识的学习之前，对 AIoT 的相关概念、关键技术，以及 AIoT 与各行各业跨界融合的应用前景有比较全面的认识；对于本专业课程体系要求掌握的知识结构和基本能力有较为具体的了解，为后续课程的学习打下基础。

三、课程教学的学时安排与教学建议

总学时：24 学时

章节	主要内容	建议学时
第 1 章　IoT 的形成	系统地讨论了 IoT 产生的社会背景与技术背景,IoT 形成的过程、定义、主要技术特征与应用领域	4 学时
第 2 章　AIoT 的发展	在介绍推动 IoT 向 AIoT 发展的社会背景与技术背景的基础上,系统地讨论了 AIoT 的定义、技术特征、技术架构与应用领域	4 学时
第 3 章　AIoT 关键技术	系统地介绍了 AIoT 关键技术涵盖的主要内容,重点讨论感知、接入、边缘计算、5G、基于 IP 的核心交换网、云计算、大数据、智能控制、区块链技术的发展,以及这些技术在 AIoT 中的应用	8 学时
第 4 章　AIoT 应用领域	系统地介绍了智能工业、智能电网、智能交通、智能医疗与智慧城市等典型 AIoT 应用的基本概念与研究的主要内容	8 学时

四、课程教学的方法与手段

1）本课程教学建议结合 MOOC 课程的学习，讲授内容应结合技术发展，与时俱进地完善，并鼓励学生积极思考、勇于创新。

2）本课程要充分利用实践教学基地的企业资源，请企业工程师讲解 AIoT 行业应用实例与 AIoT 人才能力培养的需求。

3）每一章结合教学内容与学生的生活实践，给出了多道思考题。

4）第 4 章给出了一道综合设计题，希望学生结合自己的生活、认识与体验，尝试设计一个概念性的 AIoT 应用系统。建议学生选择的课题宁小勿大，宁具体勿抽象。题目不在大小，关键在于它是否有价值，重点考查思考问题的深度。

5）建议教师结合自己的专业背景和科研实践，结合教材内容为学生开一些讲座，或采用翻转课堂等形式，组织学生结合主题进行讨论与实践。希望将本课程的学习变成一个"启发式""自主""愉快"的探索过程，同时也是学生之间"相互学习"、师生之间"教学相长"的过程。

6）考核方式：建议采用结构成绩，40% 为对 AIoT 应用系统概念性设计内容的综合评价，60% 是期终考试成绩。

目　　录

第 1 章　IoT 的形成

任何一项重大科学技术发展的背后，都必然有深厚的社会发展与技术发展背景。强烈的社会需求，以及信息科学三大支柱——计算、通信和感知技术的融合，催生了物联网（Internet of Things，IoT）概念与技术。本章从分析 IoT 发展背景与发展过程出发，对 IoT 的技术特点和主要应用领域进行系统的讨论。

本章学习要点：

- 了解 IoT 发展的社会与技术背景；
- 理解 IoT 形成与发展的过程；
- 掌握 IoT 的主要技术特征；
- 掌握 IoT 的主要应用领域。

1.1　IoT 产生的社会背景

在讨论 IoT 发展的社会背景时，人们一般会提到四件事：比尔·盖茨与《未来之路》，美国麻省理工学院 Auto-ID 实验室与产品电子代码（EPC）研究，国际电信联盟（ITU）与研究报告"The Internet of Things"，以及 IBM 智慧地球研究计划。

1.1.1　比尔·盖茨的《未来之路》与 IoT

1995 年，比尔·盖茨创作了《未来之路》一书。他在前言里写道："我写这本书的目的就是要向世人介绍未来的互联网时代将会发生哪些变化。"他希望通过这本书，描述他对未来互联网时代的憧憬，同时希望起到"促进理解、思考"的作用。

　　《未来之路》第一章的章名是"一场革命开始了"。比尔·盖茨在第一章中提出了十个问题。第六个问题是："位于哪里的哪一家商店会在明天早晨以最低价为你把测量脉搏的手表送货上门？"

　　在这之后，比尔·盖茨设想了一个场景：假定你在开车的时候想找一家新餐馆，并想看看这家餐馆的菜单、红酒单和当天的特色菜。计算机系统可以帮你找到。那么你需要预订座位，需要一张地图，还要了解目前的交通情况。发出指令之后，你继续开车，计算机系统会打印出这些信息，或者通过语音将这些信息朗读出来，并且这些信息是实时且不断更新的。当再次读到这段文字时，我们不能不联想到当前讨论的移动互联网"基于位置的服务"与 IoT "智能交通"的应用场景。

　　《未来之路》的第十章"不出户，知天下"提出了"人–机–物"融合的设想。比尔·盖茨用两句话来描述他在西雅图华盛顿湖畔的住所（如图 1-1 所示），他说"我的房子用木材、玻璃、水泥、石头建成"，同时"我的房子也是用芯片和软件建成的"。读到这段文字时，我们不能不联想到当前讨论的智能家居的应用场景。

图 1-1　比尔·盖茨西雅图华盛顿湖畔住所

　　书中引入了一种嵌入式智能硬件设备——电子别针。电子别针具有感知、计算、通信与控制能力。当你进入住所时，第一件事就是别上一个电子别针，这个电子别针把你与房子里面的各种电子设备与服务"连接"起来。借助电子别针中的传感器，嵌入房子中的智能管理系统就可以知道你是谁、你在哪里、你要到哪里去。

　　"房子"将根据电子别针获取和分析访问者的个人需求信息，尽量满足甚至预见访问者的需求。当访问者沿着大厅行走时，他前面的灯光会逐渐变亮，而后面的灯光会逐渐消失。音乐会随着他一起移动，而其他人却听不到声音。访问者关心的新闻与电影将跟着他在房子里移动。如果有一个需要他接听的电话，只有离他最近的电话机才会响。手持遥控器能够扩大电子别针的控制能力。访问者可以通过遥控器发出指令，从纷繁复杂的图片、录音、电影、电视节目中选择需要的信息。

比尔·盖茨在描述自己住所的未来发展前景时说："微处理器和存储器芯片的安装，以及控制它们运行的软件，这些都会在最近几年里随着信息高速公路进入数百万个家庭。""我要用的技术现在是试验性的，但过一段时间我正在做的部分事情会被广为接受。"

现在读这些话，会发现这与 IoT 中讨论的"物理世界与信息世界的融合""人－机－物融合""智能家居"设计的思路如此吻合。我们对 IoT、智慧地球与智能家居的设想，不可能不受到比尔·盖茨前瞻性预见的启发。

同时，在回顾第一台个人计算机的编程语言 BASIC 和微软公司的成功时，比尔·盖茨不无感慨地说，这种成功"不会有一个简单的答案，但是运气是一个因素，然而我想最重要的因素还是我们最初的远见"。借用比尔·盖茨的这句话，我们想说，当 IoT 时代来临的时候，对于每一个怀揣梦想的人来说，"运气"已经具备，重要的区别是谁能够有"远见"，像比尔·盖茨当年抓住个人计算机操作系统与应用软件滞后的机遇一样，在 IoT 领域捷足先登，既占了天时又占了地利，沿着一条通往未来之路的正确的方向起步。

回忆起比尔·盖茨在《未来之路》中的描述，我们不能不对比尔·盖茨的预见的前瞻性表示钦佩。这也就是为什么人们在探讨 IoT 概念产生的过程时，常常会提起比尔·盖茨的《未来之路》一书。

1.1.2　RFID/EPC 与 IoT

条形码在 20 世纪 20 年代就诞生了。时至今日，条形码技术已无处不在，几乎所有的商品都被打上了条形码。我们正在读的这本书上也印有条形码。商场的收银员用条形码读取器扫一下条形码，就能马上知道商品的名称与价格。这些对于我们每一个人都是非常熟悉的事情了。

进入 21 世纪之后，商品流通与运输业高度发展，条形码在越来越多的情况下已经不能够满足人们的要求。能够提供更细致、更精确的产品信息，并能够实现物流过程高度自动化的射频标签（Radio Frequency Identification，RFID）技术受到人们的重视。当 RFID 技术与互联网技术结合在一起时，可以构成全世界物品信息实时共享的 IoT。一场影响深远的技术革命也就随之而来了。

在 RFID 技术与互联网技术结合方面最有代表性的研究是由美国麻省理工学院 Auto-ID 实验室完成的。1999 年 10 月，Auto-ID 实验室提出了依托产品电子代码（Electronic Product Code，EPC）标准的基本概念。EPC 研究的核心思想是：

- 为每一个产品而不是每一类产品分配唯一的电子标识符——EPC。
- EPC 可以存储在 RFID 的芯片中。
- 通过无线数据传输技术，RFID 读写器可以通过非接触的方式自动采集 EPC。
- 连接在互联网中的服务器可以完成与 EPC 对应的产品相关信息的检索。

RFID 的低成本、可重复使用，以及能够快速、方便识别的特点，标志着 RFID 技术可以广泛应用于智能工业、智能农业、智能物流、智能医疗等领域，成为支撑 IoT 发展的核心技术之一。

1.1.3　ITU 互联网发展研究报告与 IoT

在讨论 IoT 概念形成的过程时，我们一定会联想到国际电信联盟（ITU）关于互联网发展对电信产业影响的系列研究报告。

电信行业最有影响的国际组织是国际电信联盟（ITU）。20 世纪 90 年代，当互联网应用进入快速发展阶段时，ITU 的研究人员就很有前瞻性地认识到：互联网的广泛应用必将影响电信业今后的发展方向。ITU 的研究人员将互联网应用对电信业发展的影响作为一个重要的课题开展研究，并在 1997 ～ 2005 年发表了七份"ITU 互联网报告"（如图 1-2 所示）。从这七份研究报告的内容中，我们可以看出 IoT 概念的技术演变过程与产业发展的基础。

1997 年 9 月，ITU 发布了第一份研究报告，这份报告是为 1997 年 ITU 电信展与论坛会议准备的。该报告论述了互联网的发展对电信业的挑战，同时指出互联网给电信业带来了重大的发展机遇。

1999 年发布的第二份报告描述了互联网应用对于未来社会发展的影响，展望了互联网对促进人与人之间交流的作用，并就如何利用互联网帮助发展中国家发展通信事业进行了讨论。

2002 年 9 月，ITU 发布了第四份研究报告，讨论了移动互联网发展的背景、技术与市场需求，以及手机上网与移动互联网服务。报告给出了世界不同国家与地区的移动通信 / 互联网发展指数排名，并指出：单就一门技术而言，移动通信和互联网在过去的 10 年中都是推动电信业发展的主要力量，而两者结合形成的移动互联网将成为 21 世纪推动信息产业发展的主要动力。移动互联网的发展将带领我们进入移动的信息社会。

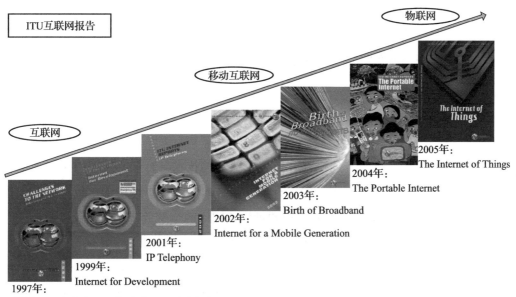

图 1-2　ITU 提出 IoT 概念的过程

ITU 于 2005 年 11 月在突尼斯举行的"信息社会峰会"上发布了第七份研究报告，术语"物联网"（Internet of Things）随之广为流传。报告描述了世界上的万事万物，小到钥匙、手表、手机，大到汽车、楼房，只要嵌入一个微型的 RFID 芯片或传感器芯片，通过互联网就能够实现物与物之间的信息交互，从而形成一个无所不在的 IoT。世界上所有的人和物在任何时间、任何地点，都可以方便地实现人与人、人与物、物与物之间的信息交互。该报告预见 RFID、传感器技术、嵌入式技术、智能技术以及纳米技术将会被广泛应用。

在研究了 ITU 互联网报告 2005 "The Internet of Things"之后，我们可以清晰地认识到：

- IoT 是互联网的自然延伸和拓展；
- IoT 将实现物理世界与信息世界的深度融合；
- IoT 将引领新一代信息技术应用的集成创新。

综合以上七份研究报告，我们可以得出两个结论：

- ITU 从互联网发展对电信业的影响的角度开展对互联网发展趋势的研究，总结出计算机网络正在从互联网、移动互联网向物联网方向发展的趋势；

- ITU 在跟踪互联网、移动互联网发展的过程中，逐步认识到物联网发展的必然性，并前瞻性地提出物联网的概念、术语与技术特征，系统地研究了物联网的技术发展趋势及其对未来社会发展的影响。

因此，我们在讨论 IoT 产生的社会背景与发展的必然性时，不能不提到国际电信联盟关于互联网发展的系列研究报告。

1.1.4　智慧地球与 IoT

1. 智慧地球产生的背景

回顾历史，每一次经济危机都会催生一些新的技术与行业，从而引领和支撑经济的复苏，带动世界经济进入新的上升期。新技术成为促进经济走出危机的巨大推动力。在讨论如何破解 21 世纪初出现的世界范围内的金融危机与欧债危机时，人们通常会联想到 IBM 公司的"智慧地球"研究计划。

20 世纪 90 年代，美国政府的"信息高速公路"发展战略使美国经济进入了长达十年的繁荣时期。金融危机出现之后，美国政府希望通过信息技术对经济的拉动作用，借助"智慧地球"发展战略，来寻找美国经济新的增长点。

2. 智慧地球的基本概念

IBM 公司提出了"智慧地球 = 互联网 + 物联网"的概念，描述了将大量的传感器嵌入或装配到电网、铁路、桥梁、隧道、公路、建筑、供水系统、大坝、油气管道等各种物体中，并通过超级计算机和云计算组成物联网，实现"人 – 机 – 物"的深度融合。

智慧地球研究计划试图通过在基础设施和制造业中大量嵌入传感器，捕捉运行过程中的各种信息，然后通过无线网络接入互联网，再通过计算机分析、处理和发出指令，并反馈给控制器，远程执行指令。控制的对象小到一个电源开关、一个可编程控制器、一个机器人，大到一个地区的智能交通系统，甚至是国家级的智能电网。通过实施智慧地球技术，人类可以以更加精细和动态的方式管理生产与生活，提高资源利用率和生产能力，改善环境，促进社会的可持续发展。

智慧地球不是简单地实现"鼠标"加"水泥"的数字化与信息化，而是需要进行更高层次的整合，实行"透彻地感知、广泛地互联互通、智慧地处理"，提高信息交互的正确性、灵活性、效率与响应速度，实现"人 – 机 – 物"与信息基础设施的完美结合。利用网络的信息传输能力，以及超级计算机和云计算的数据存储、处理与控制的能力，实现信息世界与物理世界的融合，达到"智慧"的状态（如图 1-3所示）。

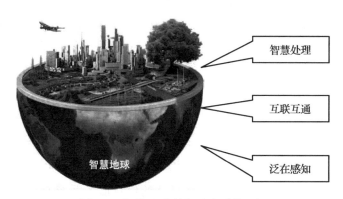

图 1-3　智慧地球研究要达到的目标

3. 智慧地球、物联网、互联网与云计算的关系

IBM 公司的学者认为：云计算作为一种新兴的计算模式，可以使物联网中海量数据的实时动态管理与智能分析变为可能，可以促进物联网与互联网的智慧融合，从而构成智慧地球。这种深层次的融合需要依靠高效、动态、可扩展的计算资源与计算能力，而云计算模式能够满足这种需求。云计算的服务交付模式可以实现新的商业模式的快速创新，可以促进物联网与互联网的融合。智慧地球、物联网、互联网与云计算之间的关系可以用图 1-4 表示。

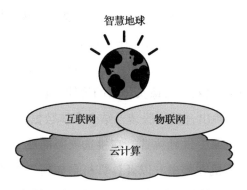

图 1-4　智慧地球、物联网、互联网与云计算之间的关系

智慧地球研究计划让 IoT 的概念与产业发展规划浮出水面，各国政府都认识到发展物联网产业的重要性，并在 2010 年前后纷纷从国家科技发展战略的高度，制定了物联网技术研究与产业发展规划。

1.2 IoT 产生的技术背景

支撑信息科学发展的三大支柱是计算、通信和感知。充分体现计算、通信、感知技术融合与创新的普适计算与 CPS 的研究，为 IoT 概念的形成奠定了重要的理论基础。

1.2.1 普适计算与 IoT

1. 普适计算的基本概念

随着计算机与信息技术越来越广泛地应用到各行各业和人类生活的各个方面，各种感知、网络、智能、嵌入式技术、应用系统与设备大量涌现。人们在面对种类越来越多、功能越来越强、使用越来越复杂的信息服务系统与嵌入式计算设备时，常常会感到"不会使用""无所适从"。面对这种局面，一种新的"普适计算"的概念应运而生。

1991 年，美国计算机科学家马克·韦泽提出了普适计算的概念。普适计算（Pervasive Computing）又称为"无处不在的计算"与"环境智能"。从普适计算研究的方法与预期的目标可以看出，普适计算是指在人类的生活环境中广泛部署感知与计算设备，通过这些感知计算设备的互联，实现无处不在的信息采集、传输与计算，将"人－机器－环境"融为一体，实现"环境智能"的目标。

仅从字面上很难理解普适计算概念的深刻内涵，我们用图 1-5 所示的"3D 试衣镜"应用实例来形象地解释普适计算的概念，总结普适计算的主要技术特征。

一种被称为"魔镜"的"3D 试衣镜"已经在很多商场的服装销售中投入使用。如图 1-5 所示，一位希望购买衣服的女士在 3D 试衣镜前不断地摆出各种姿态，用手势或语音指令更换不同款式与颜色，选择心仪的品牌、颜色、款式的衣服。后台的 3D 试衣镜系统将自动根据试衣间摄像头传来的形体数据，分析这位女士的指令与对服饰的喜好，从数据库中挑出合适的服装，结合形体数据将不同服饰的效果图以 3D 的形式通过试衣镜展示出来，供她挑选。在挑选衣服的整个过程中，她不需要操作计算机，她也不知道计算机在哪里，以及计算机是如何工作的，她要做的事就是比较不同服饰的穿着效果，享受购物的乐趣。顾客试衣和购买的过程可以在愉悦的心情下自动完成。

从这个例子中可以看出，普适计算不是强调"计算设备无处不在"，而是描述了"计算如何无处不在地融入我们的日常生活当中"，实现"计算能力的无处不在"，从而达到"环境智能"的境界，这是普适计算研究的基本内容，也是 IoT 研究所要实现的目标。

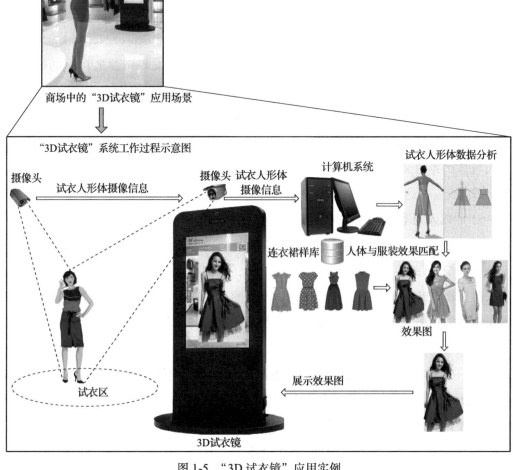

图 1-5　"3D 试衣镜"应用实例

2. 普适计算的主要技术特征

从以上的例子中，我们可以分析出普适计算的几个主要技术特征。

（1）计算能力的"无处不在"与计算设备的"不可见"

"无处不在"是指随时随地访问信息的能力；"不可见"是指在物理环境中提供多个传感器、嵌入式设备、移动设备，以及其他任何一种有计算能力的设备，可以在用户没有觉察的情况下进行计算、通信，提供各种服务，并最大限度地减少用户的介入。因此，普适计算并不是强调"计算设备的无处不在"，而是描述了"计算能力无处不在地融入我们的日常生活当中"。

（2）信息空间与物理空间的融合

普适计算是一种建立在分布式计算、通信网络、移动计算、嵌入式系统、传感与智能等技术基础上的新型计算模式。它反映出人类对于信息服务需求的提高，具有随时随地享受计算资源、信息资源与信息服务的能力，以实现人类生活的物理空间与信息空间的融合。随着无线传感器网络（Wireless Sensor Network，WSN）、RFID 技术与环境智能化研究的迅速发展，人们惊奇地发现，普适计算的概念在WSN、RFID 与环境智能的应用中得到了很好的实践和延伸。作为普适计算实现的重要途径之一，借助大量部署的传感器与 RFID 的感知节点，可以实时地感知与传输我们周边的环境信息，从而将真实的物理世界与虚拟的信息世界融为一体，深刻地改变人与自然界的交互方式，将人与人、人与机器、机器与机器的交互最终统一为人与自然的交互，达到"环境智能"的境界。

（3）"以人为本"与自适应的网络服务

我们在办公室处理公文时都需要坐在计算机前，即使是使用笔记本计算机也需要随身携带。仔细品味普适计算的概念之后，我们会发现：在桌面计算模式中，我们人是围绕着计算机，是以"计算机为本"的。而普适计算研究的目标就是尝试突破桌面计算的模式，摆脱计算设备对人类活动范围与工作方式的约束，将计算与网络技术结合起来，将计算能力与通信能力嵌入环境与日常工具中，让计算设备本身从人们的视线中"消失"，从而使人们的注意力回归到要完成的任务本身。

因此，普适计算的主要技术特征可以总结为：

- 计算能力的"无处不在"与计算设备的"不可见"；
- "信息空间"与"物理空间"的融合；
- "以人为本"与"自适应"的智能服务。

普适计算与 IoT 的关系可以总结为：

- 普适计算与 IoT 从研究目标、技术特征到工作模式都有很多相似之处；
- 普适计算的研究方法与研究成果对于 IoT 有着重要的借鉴与启示作用；
- IoT 的出现使得我们在实现普适计算的道路上前进了一大步。

1.2.2　CPS 与 IoT

1. CPS 的基本概念

在研究 IoT 的形成与发展时，我们还需要注意与 IoT 发展密切相关的另一项重要的研究计划——"信息物理融合系统"（Cyber-Physical System，CPS）研究计划。CPS 是将感知、通信、计算、智能与控制技术交叉融合的产物。

　　随着新型传感器、无线通信、嵌入式与智能技术的快速发展，CPS 研究引起了学术界的广泛重视。CPS 是一个综合计算、网络与物理世界的复杂系统，通过计算技术、通信技术与智能技术的协作，实现信息世界与物理世界的紧密融合。与互联网改变了人与人的互动一样，CPS 将会改变人与物理世界的互动。

　　CPS 研究的对象小到纳米级的生物机器人，大到涉及全球能源协调与管理的复杂系统。CPS 的研究成果可以用于智能机器人、无人驾驶汽车、无人机，也可以用于智能医疗领域的远程手术系统、人体植入式传感器系统。CPS 将计算和通信能力嵌入传统的物理系统中，形成集计算、通信与控制于一体的下一代智能系统。

　　CPS 技术研究的内容很丰富，我们选择大家感兴趣的"自动泊车"系统设计所涉及的问题，来直观地解释 CPS 的基本概念、研究的基本内容与技术特征。

　　对于很多生活在城市中的人，寻找一个合适的车位，并且能够将汽车安全、快速、准确地泊入车位是一件困难的事。在这样的背景下，自动泊车系统应运而生。自动泊车也是无人驾驶汽车的基本功能之一。图 1-6 给出了自动泊车的示意图。

图 1-6　自动泊车示意图

　　汽车的自动泊车过程由车位识别、轨迹生成与轨迹控制等三个阶段组成（如图 1-7 所示）。

　　自动泊车系统是一种将车辆安全、快速、自动驶入车位的智能泊车辅助系统，通过超声传感器和图像传感器感知车辆周边的环境信息，识别泊车的车位。

　　（1）第一阶段：车位识别

　　自动泊车的第一阶段是车位识别阶段，需要通过两步来完成。

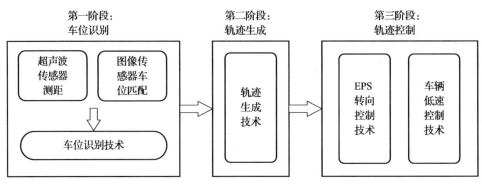

图 1-7　自动泊车的过程

第一步，利用超声波传感器实现车位识别功能（如图 1-8 所示）。

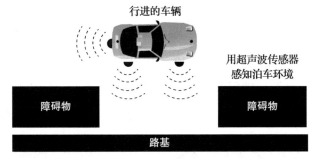

图 1-8　车位识别过程

行进中的车辆用超声波传感器感知泊车环境。利用超声波传感器对泊车环境中障碍物的精确测距，可以为自动泊车系统提供确定泊车环境模型的准确数据。

当驾驶员选择"自动泊车"功能并按下"泊车"键时，超声波传感器就周期性地向周边发送超声波信号，同时接收反射回的信号；用计数器统计超声波从发射到接收的时间差，计算出车辆与障碍物的距离。

一般情况下，能够提供自动泊车功能的汽车要在车的前端、后端和两侧安装至少 8 个超声波传感器，以便提供车辆周边不同方位障碍物的精确距离信息，确定待选择的空闲车位是否能够满足泊车条件，从而实现车位识别功能。

第二步，利用图像传感器实现车位调节功能（如图 1-9 所示）。

行进中的车辆用图像传感器感知泊车环境。利用在车尾安装的广角摄像头，采集车位环境图像信息，并将环境图像信息传送到车载计算机的图像处理系统中。图像处理系统根据采集的环境图像信息进行图像测距，并且在图像中建立一个与实际车位大小相同的虚拟车位，通过在图像中调节虚拟车位，可以实现虚拟车位与实际车位之间的匹配，进一步完善车位信息。

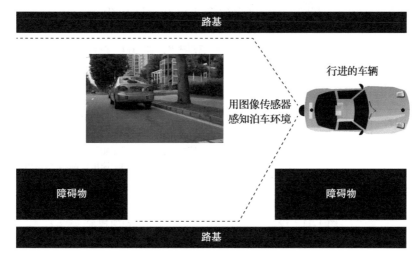

图 1-9　车位调节过程

（2）第二阶段：轨迹生成

轨迹生成是指通过建立车辆运动学模型，分析车辆转弯过程中车辆运动半径与方向盘转角的关系，计算出车辆在泊车过程中可能会遇到的碰撞区域。

在对泊车过程建模分析的基础上，构造泊车模型，根据几何学原理计算出车辆在泊车过程中的轨迹。在生成的车辆移动轨迹与根据图像分析得到的车位数据匹配后，将控制车辆实时运动轨迹的转角、速度指令发送给执行机构。轨迹生成过程如图 1-10 所示。

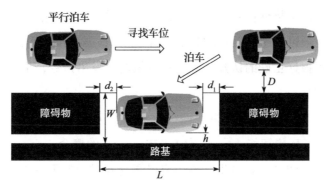

图 1-10　轨迹生成过程

（3）第三阶段：轨迹控制

在自动泊车过程中，通过执行实时运动轨迹的转角、速度指令，车辆机械传动系统控制方向盘的转向角与车辆速度，进而控制车辆的泊车过程。

总结以上自动泊车过程可以看出，设计一个自动泊车系统需要用到感知技术、计算技术、通信技术、智能技术与控制技术（如图 1-11 所示）。

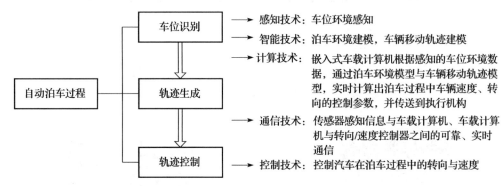

图 1-11　设计一个自动泊车系统需要用到的技术

自动泊车技术是汽车无人驾驶技术的一个重要研究方向。它是将感知、计算、通信、智能与控制技术交叉融合的产物，是一种典型的 CPS，也是 IoT 智能交通领域中无人驾驶汽车研究的重要组成部分。

2. CPS 的主要技术特征

从"自动泊车"这个实例中，我们可以清楚地认识到：CPS 是在环境感知的基础上，形成可控、可信与可扩展的网络化智能系统，扩展新的功能，使系统具有更高的智慧。CPS 的主要技术特征可以总结为"感""联""知""控"四个字。

- "感"是指多种传感器协同感知物理世界的状态信息；
- "联"是指连接物理世界与信息世界的各种对象，实现信息交互；
- "知"是指通过对感知信息的智能处理，正确、全面地认识物理世界；
- "控"是指根据正确的认知，确定控制策略，发出指令，指挥执行器处理物理世界的问题。

CPS 是环境感知、嵌入式计算、网络通信深度融合的系统。1999 年，欧洲研究团体 ISTAG 提出了环境智能（Ambient Intelligence）的概念。

图 1-12 给出了 CPS 中物理世界与信息世界交互过程的示意图。

3. CPS 研究与 IoT 之间的关系

从以上分析中，我们可以清晰地看出 CPS 与 IoT 的关系：

- CPS 研究的目标与 IoT 发展方向是一致的；
- CPS 与 IoT 都会催生大量的智能设备与智能系统；

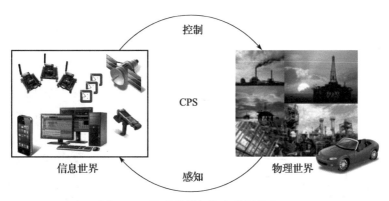

图 1-12　物理世界与信息世界的交互

- CPS 的理论、技术研究的成果对 IoT 有着重要的启示与指导作用。

在讨论了普适计算、CPS 研究之后，我们会得到一种启示：普适计算与 CPS 作为一种全新的计算模式，跨越计算机、软件、网络与移动计算、嵌入式系统、人工智能等多个研究领域。它向我们展示了"世界万事万物，凡存在皆联网，凡联网皆计算，凡计算皆智能"的发展趋势，这也正是 IoT 要实现的目标。

1.3　IoT 的形成与发展过程

1.3.1　IoT 的形成过程

IoT 概念的兴起，在很大程度上得益于 ITU 2005 年的互联网研究报告，但是 ITU 的研究报告并没有对 IoT 给出一个明确的定义。

所有参与 IoT 研究的技术人员头脑中都会呈现出一个美好的愿景：将传感器或 RFID 芯片嵌入电网、建筑物、桥梁、公路、铁路，以及我们周围的环境和各种物体之中，并且将这些物体互联成网，形成 IoT，实现信息世界与物理世界的融合，使人类对客观世界具有更加全面的感知能力、更加透彻的认知能力、更加智慧的处理能力。如果说互联网、移动互联网的应用主要关注人与信息世界的融合，那么 IoT 将实现物理世界与信息世界的深度融合。

综上所述，图 1-13 描述了从互联网、移动互联网到物联网的形成与发展过程。

尽管在许多文章与著作中存在多种有关 IoT 的不同定义，但是确切地说，对 IoT 至今仍然没有形成一个公认的定义。出现这种情况一点也不奇怪，从 20 世纪 90 年代互联网大规模应用开始，所有从事互联网应用研究的学者就一直在争论"什么是互联网"的问题。

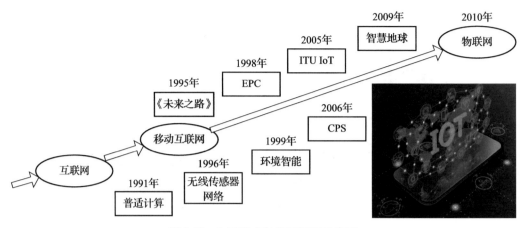

图 1-13　IoT 形成与发展过程示意图

在比较各种 IoT 定义的基础上，根据目前对 IoT 技术特点的认知水平，我们提出的 IoT 定义是：按照约定的协议，将具有"感知、通信、计算"功能的物体、系统、信息资源互联起来，实现对物理世界"泛在感知、互联互通、智慧处理"的智能网络服务系统。

1.3.2　我国 IoT 技术与产业发展

我国政府高度重视 IoT 技术与产业的发展。2010 年 10 月，在国务院发布的《国务院关于加快培育和发展战略性新兴产业的决定》中，明确将物联网列为我国重点发展的战略性新兴产业之一，大力发展物联网产业成为国家具有战略意义的重要决策。之后在 2011 年发布的"十二五"规划纲要、2015 年发布的"十三五"规划纲要，以及 2013 年发布的《国家重大科技基础设施建设中长期规划（2012—2030 年）》、2016 年发布的《国家中长期科学和技术发展规划纲要（2006—2020 年）》、2016 年发布的《国家创新驱动发展战略纲要》、2017 年发布的《物联网发展规划（2016—2020 年）》中，都对物联网技术研究与产业发展做出了规划，明确了物联网研究的关键技术、重点发展的应用领域，以及服务保障体系的建设。我国政府为物联网技术研究与产业发展创造了良好的社会环境。2018 年世界物联网大会（WIOTC）发布的世界物联网排行榜 500 强企业中，我国华为公司排名第一。

2020 年 12 月，中国信息通信研究院发表了《物联网白皮书（2020 年）》。根据白皮书中提供的数据，2019 年全球 IoT 的收入为 3430 亿美元，年复合增长率达到 21.4%。

截至 2020 年年底，我国 IoT 产业规模已经突破 1.7 万亿元，我国 IoT 连接数

2019 年为 36.3 亿，约占全球的 30%；预计 2025 年将达到 80.1 亿。"十三五"期间，IoT 总体产业规模保持 20% 的年均增长率。这些数据说明，全球 IoT 产业保持着高速发展态势，我国 IoT 产业有着巨大的发展空间。

评价 IoT 应用发展的一个重要指标是接入 IoT 的设备数量。尽管不同时期、不同机构统计和预测的数据会有一些差距，但是综合这些数据可以看出 IoT 未来发展的总体趋势。图 1-14 给出了 GSMA 统计和预测的 2010 ～ 2025 年的数据。2010 ～ 2018 年，全球 IoT 设备接入数量呈高速发展的趋势，从 20 亿个增长到 91 亿个；预测 2025 年，全球 IoT 设备接入的数量可以达到 251 亿个。

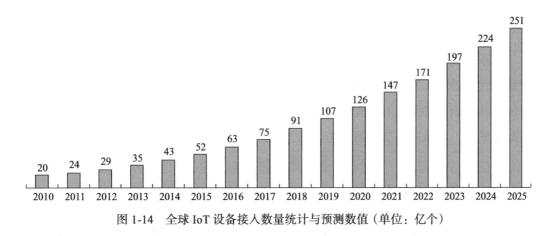

图 1-14　全球 IoT 设备接入数量统计与预测数值（单位：亿个）

1.3.3　IoT 对社会发展的贡献

IoT 对社会发展的贡献主要表现在以下三个方面。

（1）促进学科交叉融合

支撑信息技术的三个主要的支柱是感知、通信与计算，它分别对应于电子科学、通信工程与计算机科学等三个重要的工程学科门类。电子科学、通信工程与计算机科学这三门学科的高度发展与交叉融合，为 IoT 技术的产生与发展奠定了重要的基础，形成了 IoT "多学科交叉"的特点。IoT 能够实现"信息世界与物理世界""人－机－物"的深度融合，使人类对客观世界具有更透彻的感知能力、更全面的认知能力、更智慧的处理能力。IoT 作为集成创新平台，联系着各行各业与社会生活的各个方面，为新技术的交叉、技术与产业的融合创造了前所未有的机遇。IoT 的应用将全方位地推动世界经济、科学、文化、教育、军事与政府管理模式的变革，为社会进步注入强大的发展动力。

（2）带动产业升级转型

IoT 将成为继计算机、互联网与移动通信之后的下一个产值可以达到万亿元级的新经济增长点，接入 IoT 的设备数量可能要超过百亿量级，这些已经成为世界各国的共识。这也预示着信息技术将会在人类社会发展中发挥更为重要的作用，为信息产业创造出更加广阔的发展空间。IoT 将对各个行业产生巨大的辐射和渗透作用，带动产品、模式与业态的创新，进而促进整个国民经济的发展。

（3）渗透到各行各业

IoT 具有跨学科、跨领域、跨行业、跨平台的综合优势，以及覆盖范围广、集成度高、渗透性强、创新活跃的特点，将形成支撑工业化与信息化深度融合的综合技术与产业体系。

从系统性与层次性的角度来看，IoT 应用可以分为单元级、系统级、系统之系统级三个层次。IoT 可以小到一个智能部件、一个智能产品，大到整个智能工厂、智能物流、智能电网。IoT 应用也从单一部件、单一设备、单一环节、单一场景的局部小系统，不断向复杂大系统的方向发展。

1.4　IoT 的技术特征

要深入理解 IoT 的基本概念与技术特征，就需要对物联网与互联网的技术特点进行比较和分析。物联网与互联网的不同之处主要表现在以下几个方面。

1.4.1　IoT 提供行业性、专业性与区域性的服务

历数互联网所提供的服务，从传统的 E-Mail、FTP、Web 到搜索引擎、即时通信、网络音乐、网络视频以及基于位置的服务，互联网应用的设计者采取开放式的设计思想，试图建立全球公共信息服务系统。为了推广 Web 服务，设计者制定了创建网页（Web Page）的超文本标记语言（HTML）协议、网页定位的统一资源定位符（URL）、链接网页的超链接（Hyperlink）协议、Web 客户端与 Web 服务器通信的超文本传输协议（HTTP）。只要网站开发者按照这个协议体系开发网站，编写应用程序，就可以将该网站方便地链接到全球的 Web 服务体系之中（如图 1-15a 所示）。

IoT 设计目标是不同的，IoT 应用系统是面向行业、专业和区域的。如图 1-15b 所示，我国在第十二个五年规划中重点发展智能工业、智能农业、智能电网、智能交通、智能医疗、智能物流等九大行业的应用。对于关乎国民经济发展的重要应用

领域，一定是由政府责成相关的行业与产业主管部门来组织规划、设计、建设的。例如，我国智能电网的建设由国家电网规划、设计、组建、运行和管理。智能交通的目标是解决一个城市、一个地区内的交通问题，并且由城市交通主管部门规划、组建与管理。因此，IoT 应用系统具有行业性、专业性与区域性的特征。

a）互联网提供全球性公共信息服务

智能工业　　　　　　智能交通　　　　　　智能电网

智能医疗　　　　　　智能农业　　　　　　智能物流

b）物联网提供行业性、专业性、区域性应用

图 1-15　物联网与互联网的不同

1.4.2　IoT 数据主要通过自动感知方式获取

纵观互联网应用的发展，我们可以清晰地看出：互联网主要提供人与人之间的信息共享与信息服务，互联网上传输的文本、视频、语音数据主要是通过计算机、智能手机、照相机、摄像机以人工方式产生的。互联网构成了人与人之间信息交互与信息共享的网络空间，互联网数据主要是由人以手工方式生成的（如图 1-16a 所示）。

　　IoT 的大量信息是通过 RFID 标签、传感器自动产生的。例如,在智能交通应用中,不同的交通路口通过视频摄像探头、地埋感应线圈、智能网联汽车、智能无人机等 IoT 接入设备,实时感知城市交通信息,通过智能交通专用网络将信息传送到城市交通指挥中心;城市交通指挥中心通过云计算平台与超级计算机对智能交通的大数据进行处理,形成适应当前城市交通状况的交通疏导方案;城市交通指挥中心根据交通疏导方案,通过智能交通专网将不同路口红绿灯的开启时间指令传送到指定路口的红绿灯控制器。同时,通过车联网向运行的车辆发布路况与疏导信息,帮助驾驶员与智能网联汽车了解当前交通状态,选择正确的行驶路线,以达到快速、安全出行的目的。因此,IoT 通过"泛在感知、互联互通、智慧处理"实现信息世界与物理世界的"人 – 机 – 物"融合。IoT 数据主要是通过感知方式获取的(如图 1-16b 所示)。

a)互联网数据主要以人工方式生成

b)IoT数据主要由传感器、RFID等设备以自动方式生成

图 1-16　互联网数据和 IoT 数据的获取方式

1.4.3　IoT 是可反馈、可控制的"闭环"系统

　　互联网采用的是"开放式"设计思想,互联网应用为人类构建了一个信息交互和共享的网络虚拟世界;而 IoT 通过感知、传输与智能信息处理,生成智慧处理策略,再通过执行器实现对物理世界中对象的控制。因此,互联网与 IoT 一个重要的

区别是：互联网是开环的信息服务系统，IoT 是闭环的控制系统。我们可以通过智能交通应用来说明这个问题。

我们每个人对于互联网应用都特别熟悉。我们可以使用 E-Mail 系统发邮件、用 FTP 系统下载软件、用 Web 系统看新闻、用搜索引擎查询"大数据"方面的论文。需要注意的是：互联网对于我们来说是人与人之间信息交互、信息共享的平台。人是有"智慧"的，人们不希望有任何外部力量或意识能够通过互联网控制自己的思维。即使是通过搜索引擎查询一件事，我们也只希望计算机将相关的资料按照重要性排序提交给我们，最终由我们通过人为的判断有选择地决定自己看什么和不看什么。而 IoT 则不一样。以智能交通应用为例，我们将在交通路口埋设的感应线圈、安装的摄像头中的数据，以及车辆实时感知的交通数据，通过智能交通网络传送到城市交通控制中心。交通控制中心通过对采集到的实时交通数据进行融合处理，形成交通控制指令，再将控制指令反馈到路口信号灯控制器、路口引导指示屏、行进的车辆和执勤的交警，通过调节不同道路上车辆的数量、时间、速度，达到优化道路通行状态的目的。智能交通的闭环控制机制如图 1-17 所示。

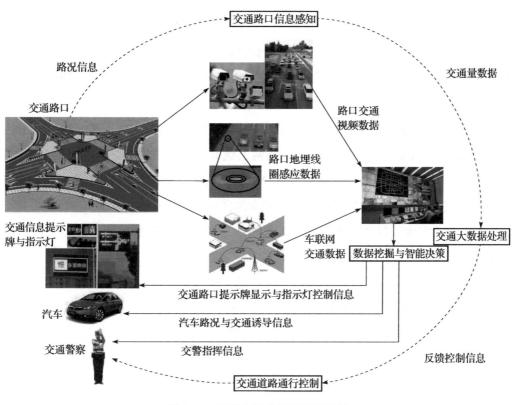

图 1-17　智能交通的闭环控制机制

同样，智能工业、智能电网、智能医疗等系统都需要采用闭环控制机制。根据 IoT 应用系统的规模及其对控制的实时性、可靠性要求的不同，有的系统只需要采用传统的智能控制理论与方法，有些复杂的大系统需要研究新的控制方法。智能工业追求的目标是智能工厂、智能制造与智能物流，支撑智能工业技术的主要特征是高度互联、实时系统、柔性化、敏捷化、智能化。智能工业的控制对象是复杂大系统，传统的控制理论与方法已经不再适用，必须寻找新的控制理论与方法，那就是数字孪生。

IoT 闭环控制追求的最高境界应该是数字孪生。目前研究人员正在尝试将数字孪生用于智慧城市、智能医疗、智能交通等更为广泛的领域，实现"虚实结合，以虚控实"的目的，以提高 IoT 的智能控制能力与应用效果。因此，从这个角度看，IoT 是可反馈、可控制的"闭环"系统。

1.4.4　IoT 是虚拟世界与现实世界的结合

互联网上流传着一句话："在互联网上没有人知道它是一只'狗'，而在物联网上'狗'也是有'身份'的网民"。这句话看上去是一句戏言，其实这种说法并非没有道理。互联网从最初设计时就强调开放性，互联网虚拟世界不归世界上任何一个部门或公司所有，它是由用户遵守一个标准的 TCP/IP 体系以网际互联的方式不断扩展形成的。一个用户可以在不同的电子邮件服务网站注册多个邮箱、使用多个用户名。编写过 TCP/IP 程序的人都知道，IP 地址是一种"软件"地址，它由网络管理员来分配并且是可以改变的，也可以是在应用软件中自己"写"进去的，其实伪造 IP 地址是一件非常容易的事，在互联网上截取一个"用户名"与对应的"密码"也是一件容易的事。因此，互联网用户身份的可信度并不高。图 1-18 描述了互联网与物联网对接入网络的对象身份真实性要求的区别。

IoT 中"实体"与"设备"是对人与物的一种抽象。智能电网、智能安防、智能物流等 IoT 应用系统必须给接入的"实体"（如智能电表、智能水表、商品）或"设备"分配一个身份标识，并且这个标识码在全世界是唯一的。RFID 其实就是给接入 IoT 中的商品、人或动物配置的一个可识别和唯一的标识码，IoT 应用系统必须通过身份识别和认证机制，来保证接入的传感器、执行器、设备与用户"身份"的真实、可信和合法。这也是物联网与互联网的一个基本的差别。互联网创造的是网络虚拟世界，而物联网是虚拟世界和现实世界的结合。

a）互联网构造了网络虚拟世界

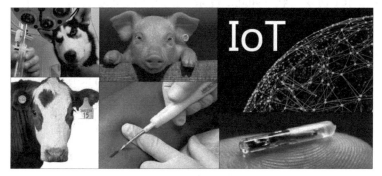

b）物联网是虚拟世界与现实世界的结合

图 1-18　互联网与物联网接入对象身份的区别

目前，数字孪生在 IoT 中的应用越来越广泛。"数字孪生体"中一个是物理实体，一个是对物理实体精确映射的虚拟数字孪生体，是典型的"虚实结合，以虚控实"的智能控制方法的产物。我们同样要为物理实体与虚拟数字孪生体分配身份标识，并且要保证标识码在全网是唯一的和可识别的。

1.4.5　IoT 面临着更为严峻的网络安全问题

网络安全是一种伴生技术。网络上出现一种新的应用，就会随之出现新的网络安全问题。互联网上愈演愈烈的网络安全威胁一直困扰着我们，而 IoT 面临着更加严峻的网络安全问题。

接入 IoT 的设备与系统的复杂度差异很大。例如，接入 IoT 的多种低端传感器与执行设备具有数量大、分布广、造价低、结构简单的特点，不可能具备较强的安全防范能力，易于被黑客所利用，这就形成了易攻难防的局面。而一个大型 IoT 应用系统一定是由多个子系统组成的，属于"系统级的系统"。不同功能的子系统分布在不同的层次和不同的地理位置，由网络互联起来，构成一个复杂的分布式协同工作系统。

在智能交通的研究中，实现最低端的汽车控制功能至少需要几十个微处理器，而高端的智能网联汽车要用到几百个传感器、执行器以及微处理器。车载操作系统用于自动驾驶、复杂的态势感知、车载信息服务，嵌入式软件的代码一般都有数百万行。Steve McConnell 在《代码大全》中给出了一项统计数据：软件中平均每 1000 行代码大约存在 30 个漏洞，即使是被公认为漏洞较少的 Linux 内核，每 10 000 行代码中也有 1 ~ 5 个漏洞。也就是说，不管软件工程师如何细心、测试如何严格，软件存在漏洞是不争的事实。IoT 协议与软件如此之庞杂，信息交互如此之繁多，存在漏洞和被攻击的可能性一定会比较高。

IoT 的智能工业、智能农业、智能交通、智能医疗、智能家居、智能安防、智能物流等应用中，会接入大量的智能物体、智能设备、智能控制系统。未来连接到 IoT 的智能硬件应用广泛，小到病患的心脏起搏器和植入式传感器、居民的电子门锁、婴幼儿监控设备，大到城市供水、供电、供热、供气系统与照明系统，以及智能工厂制造设备、智能网联汽车、飞机控制系统，因此针对 IoT 的攻击有可能造成危及生命与财产安全的重大事故，严重时会导致突发事件，造成社会动乱。

由于 IoT 接入设备的数量庞大、类型多样、分布极广，并且大量的 IoT 终端设备都处于移动状态，因此传统的互联网网络安全防护体系已经不能够满足 IoT 网络安全的要求，研究人员必须另辟蹊径地研究 IoT 安全防护体系、策略与技术。

IoT 技术与产业发展进一步促进了云计算、大数据、智能科学与技术，以及机器学习与深度学习、虚拟现实与增强现实、智能硬件与软件、可穿戴技术与智能机器人等各种新技术的融合，带动了跨行业与跨领域的技术集成创新，对社会发展与管理模式的转型有巨大的推动作用。

本章小结

1. IoT 的发展具有深厚的社会与技术发展背景。全球信息化为 IoT 的发展提供了原动力，信息科学三大支柱——计算、通信和感知的融合为 IoT 的发展奠定了理论基础，普适计算与信息物理融合系统（CPS）的研究为 IoT 技术研究与产业发展指明了方向。

2. IoT 向我们描述了世界上的万事万物，在任何时间、任何地点都可以方便地实现"人 – 机 – 物"融合的发展前景。IoT 将推动计算、通信、感知、智能、数据科学与社会各行各业在更广范围、更深层次的交叉融合。

3. IoT 是我国战略性新兴产业的重要组成部分，是未来科技竞争的制高点。IoT 不仅与国民经济与社会发展息息相关，与提高人民生活水平密不可分，也是我国创新驱动发展战略的重要体现。

思　考　题

1. 请举出一个具有普适计算技术特征的应用示例。
2. 请举出一个具有 CPS 技术特征的应用示例。
3. 请举例说明你对互联网与物联网对接入对象身份真实性要求的区别的理解。
4. 请举例说明 IoT 应用系统"行业性、专业性、区域性"服务的特征。
5. 请举例说明 IoT 应用系统"闭环控制"的特征。
6. 请举例说明你对 IoT 面临着更为严峻的网络安全问题的认识。

第 2 章　AIoT 的发展

以"AI 与 IoT 深度融合"为特征的智能物联网（Artificial Intelligence & Internet of Things，AIoT）受到产业界与学术界的高度重视。本章在分析 AIoT 发展背景的基础上，对 AIoT 的技术特征、核心技术，以及 AIoT 体系结构与技术架构的研究进行系统的讨论。

本章学习要点：

- 理解 AIoT 发展的社会与技术背景；
- 掌握 AIoT 的主要技术特征；
- 了解 AIoT 体系结构与技术架构研究的基本方法。

2.1　AIoT 发展的社会背景

经过几个"五年计划"的推动，我国的物联网技术、应用与产业发展迅速，现已位于世界的前列。我国物联网产业的发展大致可以分为以下三个阶段：

- "十二五"期间，作为国家战略性新兴产业的物联网稳步发展；
- "十三五"期间，在"创新是引领发展的第一动力"方针的指导下，物联网进入了跨界融合、集成创新和规模化发展的新阶段；
- "十四五"期间，新技术、新应用、新业态层出不穷，AIoT 快速发展，国际上围绕着 AIoT 核心技术与标准的竞争日趋激烈。

为了推动物联网技术与产业的健康发展，我国政府出台了一系列的政策和发展规划。2016 年 5 月，在《国家创新驱动发展战略纲要》中将"推动宽带移动互联网、云计算、物联网、大数据、高性能计算、移动智能终端等技术研发和综合应用，加大集成电路、工业控制等自主软硬件产品和网络安全技术攻关和推广力度，为我国经济转型升级和维护国家网络安全提供保障"作为"战略任务"之一。

2016 年 8 月，在《"十三五"国家科技创新规划》"新一代信息技术"的"物联网"专题中，提出"开展物联网系统架构、信息物理融合系统感知和控制等基础理论研究，攻克智能硬件（硬件嵌入式智能）、物联网低功耗可信泛在接入等关键技术，构建物联网共性技术创新基础支撑平台，实现智能感知芯片、软件以及终端的产品化"的任务。在"重点研究"中提出了"基于物联网的智能工厂""健康物联网"等研究内容，并将"显著提升智能终端和物联网系统芯片产品市场占有率"作为发展目标之一。

2016 年 12 月，《"十三五"国家战略性新兴产业发展规划》中提出实施网络强国战略，加快"数字中国"建设，推动物联网、云计算和人工智能等技术向各行业全面融合渗透，构建万物互联、融合创新、智能协同、安全可控的新一代信息技术产业体系。

2017 年 4 月，《物联网的十三五规划（2016—2020 年）》中指出，物联网正进入跨界融合、集成创新和规模化发展的新阶段。物联网将进入万物互联发展新阶段，智能可穿戴设备、智能家电、智能网联汽车、智能机器人等数以万亿计的新设备将接入网络。物联网智能信息技术将在制造业智能化、网络化、服务化等转型升级方面发挥重要作用。车联网、健康、家居、智能硬件、可穿戴设备等消费市场需求更加活跃，驱动物联网和其他前沿技术不断融合，人工智能、虚拟现实、自动驾驶、智能机器人等技术不断取得新突破。

2020 年 7 月，国家标准化管理委员会、工业和信息化部等五部门联合发布的《国家新一代人工智能标准体系建设指南》中明确指出，新一代人工智能标准体系建设的支撑技术与产品标准主要包括大数据、物联网、云计算、边缘计算、智能传感器、数据存储及传输设备，关键领域技术标准主要包括自然语言处理、智能语音、计算机视觉、生物特征识别、虚拟现实 / 增强现实、人机交互等。新一代人工智能标准体系的建设将进一步加速 AI 与 IoT 的融合，推动 AIoT 技术的发展。

2021 年 3 月，《中华人民共和国国民经济和社会发展第十四个五年规划和 2035 年远景目标纲要》的第 11 章第 1 节"加快建设新型基础设施"中指出，推动物联网全面发展，打造支持固移融合、宽窄结合的物联接入能力。加快构建全国一体化大数据中心体系，强化算力统筹智能调度，建设若干国家枢纽节点和大数据中心集群，建设大型超级计算中心。积极稳妥发展工业互联网和车联网。加快交通、能源、市政等传统基础设施数字化改造，加强泛在感知、终端联网、智能调度体系建设。同时，纲要提出构建基于 5G 的应用场景和产业生态，在智能交通、智慧物流、智慧能源、智慧医疗等重点领域开展试点示范。纲要明确了 AIoT 在第十四个五年计划期间的建设任务，规划了到 2035 年 AIoT 的发展远景目标。

2.2　AIoT 发展的技术背景

我国正处于创新发展与新工业革命的历史交汇期。云计算、5G、大数据、人工智能、边缘计算、区块链等技术与 IoT 应用的深度融合，为 AIoT 的快速发展注入了强劲的动力。

2.2.1　云计算与 AIoT

云计算（Cloud Computing）并不是一个全新的概念。早在 1961 年，计算机先驱就预言：未来的计算资源能像公共设施（如水、电）一样被使用。为了实现这个目标，在之后的几十年里，学术界和产业界陆续提出了集群计算、网格计算、服务计算等技术，而云计算正是在这些技术的基础上发展而来的。

云计算作为一种利用网络技术实现的随时随地、按需访问和共享计算、存储与软件资源的计算模式，具有以下几个主要技术特征：按需服务、泛在接入、高可靠性、降低成本、快速部署。

有了云计算服务的支持，AIoT 应用系统的构建、软件开发、网络管理和运维，都可以部分或全部交给云计算服务提供商完成。AIoT 开发者可以将系统构建、软件开发、网络管理任务，部分或全部交给云计算服务提供商去承担，自己专心于规划和构思 AIoT 应用系统的功能、结构与业务系统的运行。AIoT 用户的各种智能终端设备，包括智能传感器与控制器、个人计算机、笔记本计算机、智能手机、智能机器人、可穿戴计算设备都可以作为云终端，在云计算环境中使用。

AIoT 智能终端设备的功能与性能的先进性取决于它的"学习"能力，而"学习"能力又取决于 AI 算法，以及完成复杂算法的计算与存储能力。算法越复杂，要求计算与存储能力越强，相应的计算与存储设备体积与重量也就越大。这对于很多种体积、重量与能量受限的移动 AIoT 智能终端设备是不现实的。一种可行的体系结构是将复杂的算法计算与数据存储工作放在云端去完成，变成"云端"智能终端设备。AIoT 行业应用中大量的数据密集型与计算密集型的任务也需要在云计算中完成。

云计算能够为 AIoT 应用系统提供灵活、可扩展、可控的计算、存储与网络服务。因此，云计算必然成为 AIoT 重要的信息基础设施。

2.2.2　5G 与 AIoT

大量的 AIoT 应用系统将部署在山区、森林、水域等偏僻地区，很多的 AIoT 感知与控制节点密集部署在大楼内部、地下室、地铁与隧道中，4G 网络与技术已难以适应 AIoT 规模的超常规发展，只能寄希望于 5G 网络提供的服务。

AIoT 涵盖智能工业、智能农业、智能交通、智能医疗与智能电网等各个行业，业务类型多、业务需求差异性大。例如，在智能工业的工业机器人与工业控制系统中，节点之间的感知数据与控制指令传输必须占用很大的带宽，延时与延时抖动必须在毫秒量级，否则就会造成重大的工业生产事故。无人驾驶汽车与智能交通控制中心之间的感知数据与控制指令传输尤其要求准确性，延时必须控制在毫秒量级，否则就会造成车毁人亡的重大交通事故。AIoT 中对数据传输带宽、实时性、可靠性要求高的应用对 5G 的需求格外强烈。

ITU-R 明确了 5G 的三大应用场景：增强移动宽带通信、大规模机器类通信与超可靠低延时通信。其中，大规模机器类通信应用场景面向以人为中心的通信和以机器为中心的通信，面向智慧城市、环境监测、智慧农业等应用，为海量、小数据包、低成本、低功耗的设备提供有效的连接方式。例如，有安全要求的车辆间的通信、工业设备的无线控制、远程手术，以及智能电网中的分布式自动控制系统。超可靠低延时通信应用，主要是满足车联网、工业控制、移动医疗等行业的特殊应用对超高可靠性、超高带宽与超低延时通信场景的需求。

5G 移动通信网络成为新技术集成创新的通信网络平台，有力地推动着 AIoT 应用的发展。

2.2.3　边缘计算与 AIoT

随着智能工业、智能交通、智能医疗、智慧城市应用的发展，数以千亿计的感知与控制设备、智能机器人、可穿戴计算设备、智能网联汽车、无人机接入到 AIoT

应用系统之中。AIoT 对网络带宽、延时、可靠性的要求越来越高。传统的"端 – 云"架构已经不能满足 AIoT 应用对网络高带宽、高可靠性、超低延时的要求，基于边缘计算与移动边缘计算的"端 – 边 – 云"架构应运而生。

边缘计算（Edge Computing）概念的出现可以追溯到 2000 年。边缘计算的发展与面向数据的计算模式发展分不开。随着数据规模的增大和人们对数据处理实时性要求的提高，研究人员必然希望在靠近数据的网络边缘增加数据处理能力，将计算任务从计算中心迁移到网络边缘。最有效的解决方法是采用内容分发网络（Content Delivery Network，CDN）技术。1998 年出现的 CDN 通过在互联网边缘节点上部署 CDN 缓冲服务器，来降低用户远程访问 Web 网站的数据下载延时，加速内容提交，提高用户体验质量。随着边缘计算研究的发展，"边缘"资源的概念已经从最初部署在边缘节点的计算、存储设备，扩展到从数据源到核心云路径中任何可利用的计算、存储与网络资源。

2012 年，雾计算（Fog Computing）概念问世。雾计算被定义为一种将云计算中心任务迁移到网络边缘设备执行的高度虚拟化计算平台。通过在移动节点与云端之间路径上的计算与存储资源部署计算节点，构成层次化的雾计算体系。移动节点可以就近访问雾服务器缓存中的内容，请求特定的数据处理与存储服务，以减轻主干链路的带宽负荷，提高数据传输的实时性与可靠性。

2013 年，5G 的研究催生了移动边缘计算（Mobile Edge Computing，MEC）的发展。移动边缘计算是一种在接近移动用户的无线接入网的位置，部署能够提供计算、存储与网络资源的边缘云（或微云），避免端节点只有直接通过主干网与云计算中心的通信才能突破云计算服务的限制。移动节点只需要访问边缘云缓存中的内容，就可以接受边缘计算的服务。随着 5G 应用的发展，移动边缘计算正在成为电信移动通信网的一种标准化、规范化的技术。

2017 年，ETSI 将移动边缘计算行业规范工作组正式更名为"多接入边缘计算工作组"，将移动边缘计算从电信移动通信网扩展到其他无线接入网（如 Wi-Fi），以满足 AIoT 对移动边缘计算的应用需求。

基于移动边缘计算的"端 – 边 – 云"的网络结构，能够为需要提供超高带宽、超高可靠性、超低延时的 AIoT 应用提供技术支持。

2.2.4　大数据与 AIoT

随着在商业、金融、银行、医疗、环保与制造业领域大数据分析基础上获取的重要知识，衍生出很多有价值的新产品与新服务，人们逐渐认识到"大数据"的重要性。2008 年之前，我们一般将这种大数据量的数据集称为"海量数据"。2008 年，*Nature* 杂志出版了一期专刊，专门讨论未来大数据处理中的挑战性问题，提出了"大数据"（Big Data）的概念。产业界将 2013 年称为大数据元年。

随着 AIoT 的发展，新的数据将不断产生、汇聚、融合，这种数据量的增长已经超出人类的预想。无论是数据的采集、存储、维护，还是数据的管理、分析和共享，对人类来说都是一种挑战。

大数据并不是一个确切的概念。到底多大的数据是大数据，不同的学科领域、不同的行业会有不同的解释。目前对于大数据大致有三种定义。一是大到不能用传统方法进行处理的数据。二是大小超过标准数据库工具软件能够收集、存储、管理与分析的数据集。三是维基百科给出的定义：大数据是指无法使用传统和常用的软件技术与工具在一定的时间内完成获取、管理和处理的数据集。

AIoT 中智能交通、智能工业、智能医疗中的大量传感器、RFID 芯片、视频监控摄像头、工业控制系统是导致数据"爆炸"的重要原因之一。AIoT 为大数据技术的发展提出了重大的应用需求，成为大数据技术发展的重要推动力之一。AIoT 使用不同的感知手段去获取大量的数据不是目的，如何通过对海量感知数据的智能处理，提取正确的认知、产生准确的反馈控制信息才是 AIoT 对大数据研究提出的真正需求。

大数据的智能处理水平决定了 AIoT 应用系统存在的价值与重要性，是评价 AIoT 的重要标准之一。

2.2.5 人工智能与 AIoT

人工智能（Artificial Intelligence，AI）是计算机科学、控制论、信息论、神经生理学、心理学、语言学等多种学科高度发展、紧密结合、互相渗透而发展起来的一门交叉学科。但是，人工智能至今仍然没有一个被大家公认的定义。不同领域的研究者从不同的角度对人工智能给出了各自不同的定义。最早人工智能的定义是"使一部机器的反应方式就像是一个人在行动时所依据的智能"。有的科学家认为"人工智能是关于知识的科学，即怎样表示知识、获取知识和使用知识的科学"。一种通俗的解释是，人工智能大致可以分为两类，一类是弱人工智能，一类是强人工智能。弱人工智能是能够完成某种特定任务的人工智能；强人工智能是具有和人类等同的智慧，能表现人类所具有的所有智能行为，或超越人类的人工智能。

人工智能诞生的时间可追溯到 20 世纪 40 年代，它经历了三次发展热潮。第一次热潮出现在 1956 年至 20 世纪 60 年代，第二次热潮出现在 1975 ～ 1991 年，第三次热潮出现在 2006 年至今。2006 年，以深度学习为代表的人工智能进入了第三次热潮。

学习是人类智能的主要标志与获取知识的基本手段。机器学习研究计算机如何模拟或实现人类的学习行为，以获取新的知识与技能，不断提高自身能力。自动知识获取成为机器学习应用研究的目标。一提到学习，我们首先会联想到读书、上课、做作业、考试。上课时，我们跟着老师一步步地学习属于"有监督"的学习；课后作业需要自己完成，属于"无监督"的学习。平时做课后的练习题是我们学习系统的训练数据集，而考试题属于测试数据集。学习好的同学平时训练好，考试成绩就好。学习差的同学平时训练不够，考试成绩自然会差。如果抽象表述学习的过程，那就是：学习是一个不断发现自身错误并改正错误的迭代过程。机器学习也是如此。为了让机器自动学习，同样要准备三份数据：训练集、验证集与测试集。

- 训练集是机器学习的样例。
- 验证集用来评估学习阶段的效果。
- 测试集用于在学习结束后评估实战的效果。

2006 年，深度学习（Deep Learning）研究的发展开启了人工智能的第三次热潮。第三次人工智能热潮的研究热点主要是机器学习、神经网络、计算机视觉。在过去的几年中，图像识别、语音识别、智能机器人、智能人机交互、无人机、无人驾驶汽车、智能可穿戴设备越来越多地使用深度学习技术。

从以上讨论中，我们可以得出以下两点结论。

- AIoT 的感知智能、交互智能、通信智能、处理智能、控制智能依赖于 AI 技术。AI 机器学习方法将广泛应用于 AIoT 的多个功能模块。如何使 AIoT 系统架构具备原生 AI 支持能力是 AIoT 研究的主要课题，也是 AIoT 未来的发展方向。
- AI 机器学习的应用越来越依赖于大规模的数据集和强大的通信、计算、存储能力；AIoT 的海量感知数据是 AI 机器学习的"金矿"；AIoT 通过云计算、边缘计算与 5G 网络能够为 AI 机器学习提供强大的通信、计算与存储能力支持。

因此，AI 与 AIoT 之间存在着相互依存、相互促进的关系。

2.2.6　数字孪生与 AIoT

工业 4.0 促进了数字孪生的发展。2002 年，"数字孪生"（Digital Twin）术语出现。传统控制理论与方法已经不能够满足物联网复杂大系统的智能控制需求。2019 年，随着"智能 +"概念的兴起，数字孪生成为产业界与学术界研究的热点。

数字孪生基于 AI 与机器学习技术，将数据、算法和分析决策结合在一起，通过仿真技术将物理对象映射到虚拟世界，在数字世界建立一个与物理实体一模一样的数字孪生体，通过人工智能的多维数据复杂处理与异常分析，实现对物理世界的设备与系统的精准控制，表现出"精准映射、虚实交互、软件定义、智能控制"的四大特点。

数字孪生为 AIoT 闭环智能控制提供了新的设计理念与方法。目前，数字孪生正从工业应用向智慧城市等综合应用方向发展，将进一步提升 AIoT 的应用水平与效果。

2.2.7　区块链与 AIoT

区块链（Blockchain）技术始于 2009 年，它与机器学习被评价为未来十年可能提高人类生产力的两大创新技术。

人类的文明起源于交易，交易的维护和提升需要信任关系。互联网金融打破了传统的交易体系，我们依赖了几百年的信任体系正在受到严峻的挑战。区块链正在成为重新构造互联网信任体系的技术基础。

AIoT 存在与互联网类似的问题。AIoT 应用系统要为每一个接入的节点（如传感器、执行器、网关、边缘计算设备与移动终端设备）配置一个节点名、分配一个地址、关联一个账户。账户要记录对传感器、执行器、网关、边缘计算设备、移动终端设备的感知、执行、处理之间的数据交互，以及高层用户对节点数据查询与共享的行为数据。AIoT 系统管理软件要随时对节点账户进行审计，检查对节点账户进行查询、更新的用户身份与权限是否合法，发现异常情况需要立即报警和处理。同时，AIoT 中物流与供应链、云存储与个人隐私保护、智能医疗中个人健康数据合法利用和保护、通信与社交网络中的用户网络关系的维护、无线频段资源共享与保护，都会用到区块链技术。"物联网 + 区块链"（BIoT）将成为建立 AIoT 系统"可信、可用、可靠"信任体系的理论基础。

目前，区块链技术已经开始应用到 AIoT 的智慧城市、智能制造、供应链管理、数字资产交易、可信云计算与边缘计算、网络标识管理等诸多领域，并将逐步与实体经济深度融合。AIoT、区块链与 AI 技术的融合应用，将引发 AIoT 新一轮的技术创新和产业变革。

综合 AIoT 发展的社会背景与技术背景的讨论，我们可以用图 2-1 表示 AIoT 的形成与发展的过程。

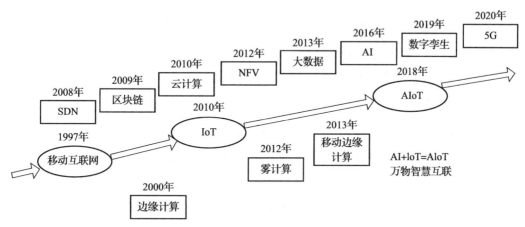

图 2-1 AIoT 形成与发展过程示意图

通过以上的讨论，我们对 AIoT 概念的内涵有以下几点新的认识：

- AIoT 并不是一种新的 IoT，它是 IoT 与 AI 技术成熟应用、交叉融合的必然产物，它标志着 IoT 技术与应用发展到一个新的阶段；
- IoT 实现了"人 – 机 – 物"的融合，AIoT 将实现"人 – 机 – 物 – 智"的融合；
- AIoT 推动了"IoT+AI+ 云计算 + 边缘计算 +5G+ 大数据 + 智能决策 + 智能控制 + 区块链"等新技术的交叉融合，带动了新技术在各行各业、社会各个层面的创新应用；
- AIoT 的核心是 AI 技术的应用，研究的最终目标是使 IoT 达到"感知智能、认知智能与控制智能"的更高境界。

2.3 AIoT 的技术特征

AIoT 的技术特征可以从"物"（Things，T）、"网"（Internet，I）、"智"（Artificial intelligence，A）三个方面进行深入解读。

2.3.1 AIoT"物"的特征

接入 AIoT 中的"物"有很多种不同的类型，人们习惯将它们叫作"实体""设备""对象"或"智能对象"。很多文献将 AIoT 定义为"智能对象"之间通信的系统。为了统一"物"的名称，ITU-T Y.2060 将接入物联网中的物（things）表述为"实体"（entity）、"端节点"（end-point）、"对象"（object）、"设备"（device）与"CPS设备"（CPS device）。本书中统一用"实体"或"设备"来表述。

"实体"与"设备"的定义如下。

- 实体：物理世界（物理实体）或虚拟世界（虚拟实体）中的一个对象，能够被识别和被集成到通信网络中。
- 设备：必须具有通信功能，并可能具有感知、移动、数据收集、数据存储和数据处理功能的装置。

要理解"实体"与"设备"定义的内涵，需要注意以下几个问题。

第一，很多自然界中的"实体"并不具有通信与计算能力，例如人、动物、商品、机械零件、树、岩石、水、空气，以及一些低端的传感器、执行器等，它们并不具备"通信"和"计算"能力。这些实体根据物联网应用的具体需求，可以通过嵌入式技术集成到物联网智能终端设备（如低端的传感器、执行器）中，借助智能终端设备接入物联网；或者通过配置智能设备（如可穿戴计算设备等），使得他（它）具备了通信和计算能力，接入到物联网；或者通过传感器监控对象（如树、岩石、水、空气等）的状态，间接地接入物联网。

第二，在日常生活中，人们所说的"物"和"实体"一般是指物理世界中看得见、摸得着的物体。由于 AIoT 系统中应用了大量的虚拟化技术，因此 ITU-T Y.2060 将物联网中的"实体"从"物理实体"扩展到"虚拟实体"。"虚拟实体"包括虚拟机、虚拟网络、虚拟存储器、虚拟服务器、虚拟路由器、虚拟集群、数字孪生体等，它也是 AIoT 中可标识、可接入、可识别、可寻址、可控制的对象。

第三，AIoT 的"设备"采用嵌入式技术，将传感器、执行器集成到嵌入式设备中，再将嵌入式设备接入 AIoT。例如，将嵌入了血糖传感器、血压传感器与胰岛素注射装置的智能医疗手环佩戴在糖尿病患者的手腕上，手环每隔一段时间就将患者的血糖值、血压值发送到远程医疗监控中心。医生利用智能医疗软件结合采集到的数据，用数学模型来分析和判断患者的身体状况。一旦出现异常，立即发出注射胰岛素指令，手环执行接收到的注射指令，并继续向远程医疗中心发送实施注射之后测试的实时人体生理参数。这样，嵌入式智能"设备"就可以使"人体"具备一定的感知、计算、通信与控制能力。AIoT 硬件"设备"与被监测的"实体"就变成了AIoT 中一个"感知 / 执行"节点。

在不同应用场景应用的 AIoT 节点的共同特征是：

- 具有唯一的、可识别的身份标识；

- 具备一定的通信、计算与存储能力。

图 2-2 描述了 AIoT 中"物"的特征。

可以大到智能电网中的高压铁塔、智能交通系统中的无人驾驶汽车与道路基础设施，或者是飞机、坦克与军舰

什么是AIoT中的"物"？

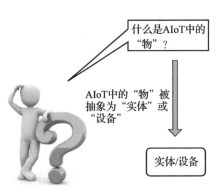

AIoT中的"物"被抽象为"实体"或"设备"

实体/设备

可以小到智能手表、智能手环、智能眼镜、RFID标签，甚至是纳米传感器

可以复杂到智能工厂生产线上的工业机器人，也可以简单到智能钥匙或智能插头、智能灯泡

可以是有生命的人，如老人、小孩与战士，或者是带耳钉的牛或植物，也可以是无生命的山体岩石、公路或桥梁

可以是智能传感器/纳米传感器/无线传感器网络节点、RFID标签、GPS终端，或者是到处可见的视频摄像头

可以是服务机器人、工业/农业机器人、水下机器人、无人机、无人驾驶汽车、家用电器、智能医疗设备或可穿戴计算装置

如果患者通过智能背心、老人通过智能拐杖接入智能医疗系统中，那他们不也就成为AIoT中的"物"了吗？

图 2-2　AIoT 中"物"的特征

因此，认识 AIoT"物"的特征，不能将眼光局限在某个具体的物体、某一个具体的设备、某一项技术与服务上。AIoT 中的"物"差异很大：

- 可以是物理的，也可以是虚拟的；
- 可以是固定的，也可以是移动的；
- 可以是硬件，也可以是软件或数据；
- 可以是有生命的，也可以是无生命的；
- 可以是空间的，也可以是地面或水下的；
- 可以是微粒，也可以是一个大型的建筑物。

接入 AIoT 的"物"类型之多、数量之庞大、程度之复杂，将远远超出我们的预期，这是 AIoT 的一大特点。

2.3.2 AIoT"网"的特征

1. 互联网网络技术可以借鉴的成功范例

有经验的网络安全研究人员的共识是：如果一个网络应用系统的规模和影响较小，或者经济价值与社会价值较低，黑客一般是不会关注的。但是，网络应用系统的经济价值与社会价值越高，系统中传输与存储的数据越重要，其中很多涉及个人隐私或企业商业秘密的信息，就越会成为黑客"关注"的重点。入侵防御系统（Instrusion Prevention System，IPS）会经常检测到有人在用各种方法扫描网络设备与用户口令，窥探或企图渗透到网络内部，网络攻击随时可能发生。严峻的网络安全现实告诉我们，网络安全是 AIoT 发展的前提。我们必须站在安全的角度去研究 AIoT 中"网"的特征。

实际上，在互联网时代，电子政务、网络银行、智能电网等对系统安全性要求很高的应用系统的安全、可靠运行，已经为 AIoT 提供了成功的范例。图 2-3 给出了电子政务与智能电网两种应用中，IP 专网或虚拟专网（Virtual Private Network，VPN）与互联网两者之间实现的"物理隔离、逻辑连接"能够成功地运行各种互联网应用。

AIoT 应用正在从单一设备、单一场景的局部小系统，不断向大系统、复杂大系统的方向演变。我们必须借鉴成熟的互联网网络系统架构设计案例来研究 AIoT 网络系统的共性特征。

2. 典型 AIoT 应用系统的网络结构特征

无论是智能工业、智能交通、智能医疗、智能物流、智能电网应用系统，还是网络覆盖的范围是一个行业、一个地区，甚至是一个国家或全球，都可以通过分析、对比与总结，找出它们存在的共性特征。我们可以通过如图 2-4 所示的覆盖全球的一个大型连锁零售企业网络系统的网络结构，来分析支撑 AIoT 应用系统大型网络结构的共性特征。

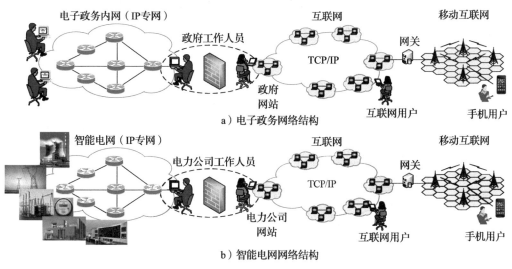

a）电子政务网络结构

b）智能电网网络结构

图 2-3　IP 专网与网络安全

　　由于 AIoT 具有行业性、专业性服务的特点，因此从企业运营模式与网络安全的需要出发，一个大型连锁零售企业的网络系统必然要分成企业内网与企业外网两大部分。

　　企业内网由连锁店与超市网络系统、地区分公司 / 存储与配送中心网络系统、总公司网络系统三级网络组成。连锁店与超市将每天的销售、库存数据传送到地区分公司，分公司将汇总数据传送到总公司。总公司管理整体的销售信息统计与分析、监督计划执行，决定采购、配送、销售策略的制定与运行。作为大型连锁零售企业，它必然要在总公司主干网中设置一个数据中心，该数据中心用来存储与企业经营相关的数据。根据企业计算与存储的需要，连接在数据中心网络的服务器可以是一台或几台企业级服务器、服务器集群或云计算系统。由于企业内网上传送着大量涉及商业机密与用户资料隐私的信息，这些数据需要绝对保密，不允许被泄露和被外部非法入侵者窃取，因此企业内网不能与互联网或其他网络直接连接。

　　企业外网担负着与外部合作企业、供货商、客户以及银行的信息交互功能；企业外网同时承担着宣传本公司商品与销售信息，接收与处理顾客的查询、定购、售后和投诉信息的功能，因此外网需要连接在互联网上，通过 Web 服务器、E-Mail 服务器与用户和相关企业网互联。出于网络安全的考虑，企业外网与企业内网之间需要设置安全缓冲区或非军事区（Demilitarized Zone，DMZ），也可以采用具有防火墙功能的代理服务器（Proxy Server）将企业内网与外网连接起来。任何外部客户或合作企业用户都不能以任何形式直接访问企业内网，所有外部用户的信息必须由网关或代理服务器软件接收、处理与转换之后，转发到企业内网。代理服务器与安全网关要起到严格的外网与内网的安全隔离作用。

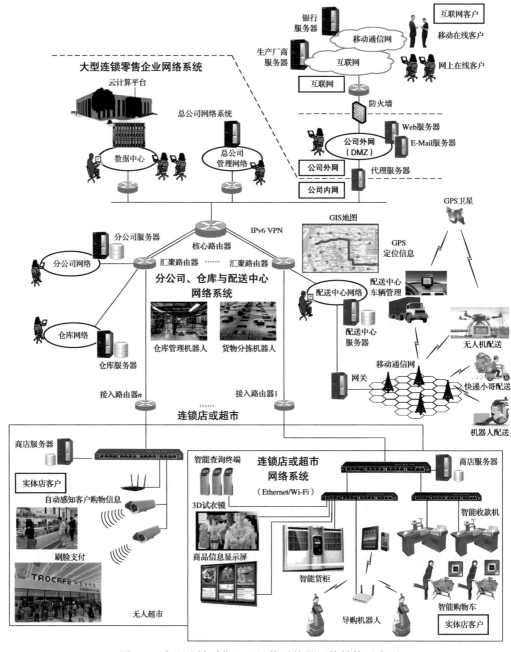

图 2-4　大型连锁零售企业网络系统的网络结构示意图

　　智能物流网络系统的内网与外网组成的结构具有一定的代表性，智能工业、智能交通、智能医疗等 AIoT 应用系统的网络系统也同样需要按内网与外网的结构来组建。例如在智能工业的制造业工厂网络中，企业内网传输两类数据，一类是企业管理信息，一类是产品制造过程的控制信息。企业管理信息包含企业产品设计、产品制造、企业运行数据，这类信息涉及产品知识产权与商业机密；产品制造过程控制信息包括生产过程的操作指令以及系统反馈控制指令等，这类数据关乎生产过程的效率与安全，必须通过内网实现可靠、安全与实时传输。因此，企业内网必须是专门为传输内部数据而组建的专用网络系统，或者是采用虚拟专网 VPN 技术构建的虚拟专网。

　　VPN 概念的核心是"虚拟"和"专用"。"虚拟"是指在公共传输网中，通过"隧道"或"虚电路"方式建立的一种"逻辑网络"；"专用"是指 VPN 可以为接入的内部网络与主机提供安全与保证服务质量的传输服务，外部人员不能够通过任何途径直接访问企业内网。同时，由于企业也必须与合作企业、供应商、银行和客户交换信息，因此需要专门设计与组建外网来实现与外部合作单位的网络互联，与在互联网 / 移动互联网上的在线客户进行安全的数据交互。图 2-5 给出了描述 AIoT "网" 共性特征的网络结构示意图。

　　要理解 AIoT "网" 的共性特征，需要注意以下几个主要问题。

　　（1）IP 网络与 5G 网络

　　AIoT 网络主要由 IP 网络与 5G 网络组成。IP 技术的成熟与广泛应用，使得 IP 成为组建通信网络公认的行业标准，这类网络也称作 IP 网络。

　　另一类是 5G 网络。5G 网络由接入网、承载网与核心网组成。移动用户终端与感知 / 执行设备通过 5G 基站进入接入网，一个区域中大量的接入网由承载网汇聚起来，再通过核心网、网关接入 AIoT 应用系统中。

　　（2）网关的作用

　　网关（Gateway）的作用如图 2-6 所示。网关的作用主要有两个：一是协议转换，二是网络安全。

　　AIoT 应用系统经常需要将两种或多种不同网络协议的异构网络互联起来。图 2-6a 给出了由网关互联 5G 网络与 IP 网络的结构示意图。5G 网络与 IP 网络的通信协议不同，它们之间的数据交互就像一个说中文的人与一个说英语的人交谈时，现场需要一位翻译，网关可以实现不同通信协议之间的转换，起到了"翻译"的作用。

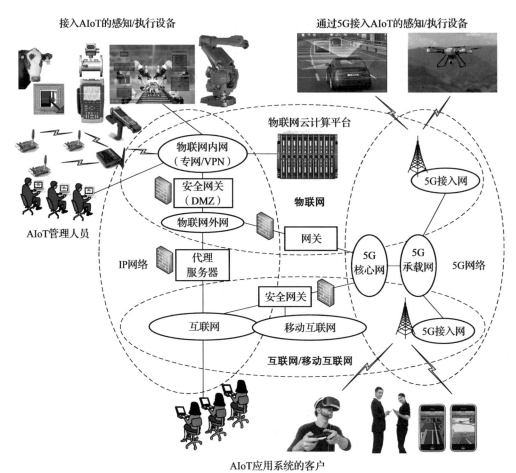

图 2-5　AIoT "网"的共性特征

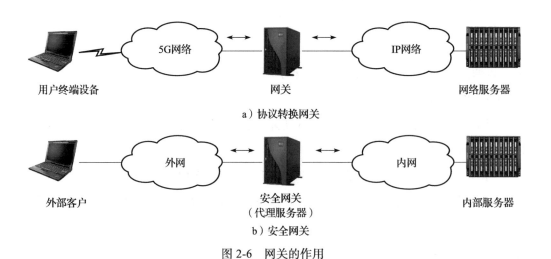

图 2-6　网关的作用

另一种情况是网关起到安全网关的作用（如图 2-6b 所示）。如果外网有一位合作企业向企业内网的工作人员发出一个协商信函。外网用户是不能够直接访问内网的。这时外网向内网发出的信息首先由网关接收。网关检查接收的数据包有没有病毒，如果属于正常的企业间管理人员的信息交互，那么网关就重新产生一个可以在内网传输的数据包，将外网用户信息转换成安全的数据包，转发给内网的用户。内网用户回复给外网用户的信息也由网关转发。这样，实现"物理隔离"的内网与外网通过网关实现了"逻辑连接"。这种网关称为安全网关或代理服务器。安全网关也相当于一个防火墙，有时安全网关也会与防火墙产品配合使用。当然，实际的 AIoT 网络系统不会只依靠防火墙与代理服务器来保护内部网络，而是将采取更加严格的安全保护措施。

（3）内网与外网

在现实应用中，无论是电子政务网、银行业务网、智能电网，还是智能工业、智能医疗、智能物流、智能安防，任何一个行业性物联网应用系统都将自己的网络分为内网与外网两个部分。例如，智能工厂的高层管理网络、制造车间生产管理网络到底层的过程控制网络，银行业务网与各分支机构的资金流通网络，电力控制中心网络与连接各输变电站的控制网络，医院医疗诊断、远程手术支持网络，都属于内网。这里有几项原则必须遵守：

- 凡是涉及需要保密的业务数据、控制指令只能在内网上传输；
- 内部网络用户不能以任何方式私自将内网的设备连接到互联网或在内网计算机上接入没有被授权的外设（包括 U 盘等存储设备）；
- 互联网上的外部用户不允许用任何方法渗透到内网，非法访问内网数据与服务。AIoT 应用系统的内网必须与互联网实现物理隔离；
- 外部用户如果需要访问内网，可以通过互联网发送服务请求，然后通过外网与内网连接的安全网关、代理服务器等网络安全设备，将用户请求转发到内网；
- 内网将外部用户访问请求的处理结果发送到代理服务器，再由代理服务器通过互联网转发给外部用户，实现外网与内网的逻辑连接。

从以上讨论中可以看出，任何一位有电子政务网、电子商务网、智能交通网、企业网设计经验的 AIoT 系统架构师，都不会将对数据安全性要求高的内网直接连接到互联网，因为任何一次来自互联网的网络攻击都有可能给 AIoT 应用系统造成灾难性的后果；将企业内网与互联网直接连接也不符合国家对信息系统安全等级评测的基本要求。

2.3.3 AIoT"智"的特征

AIoT 中"智"的特征主要表现在以下几个方面。

1. 感知智能

传感器、控制器与移动终端设备正在向智能化、微型化方向发展。智能传感器是传感器与智能技术相结合,应用机器学习方法,形成具有自动感知、计算、检测、校正、诊断功能的新一代传感器。智能传感器与传统传感器相比具有以下几个显著的特点。

(1)自学习、自诊断与自补偿能力

智能传感器采用智能技术与软件,通过自学习,能够根据所处的实际感知环境调整传感器的工作模式,提高测量精度与可信度;能够对采集的数据进行预处理,剔除错误或重复数据,进行数据的归并与融合;能够采用自补偿算法,调整传感器对温度漂移的非线性补偿方法;能够根据自诊断算法,发现外部环境与内部电路引起的不稳定因素,采用自修复方法改进传感器的工作可靠性、设备非正常断电时进行数据保护并在故障出现之前报警。

(2)复合感知能力

通过集成多种传感器,使智能传感器具有对物体与外部环境的物理量、化学量或生物量有复合感知能力,可以综合感知压力、温度、湿度、声强等参数,帮助人类全面地感知和研究环境的变化规律。

(3)灵活的通信组网能力

智能传感器具有灵活的通信能力,能够提供适合有线与无线通信网络的标准接口,具有自主接入无线自组网的能力。

2. 交互智能

智能人机交互研究的是 AIoT 用户与 AIoT 系统之间交互的智能化问题,是 AIoT 的重要研究领域。人机交互的研究不可能只靠计算机与软件去解决,它涉及人工智能、心理学与行为学等诸多复杂的问题,属于交叉学科研究的范畴。AIoT 智能硬件的设计必须摒弃传统的人机交互方式,研究新的智能人机交互技术与装置。

AIoT 智能硬件的研发建立在机器学习技术之上。智能硬件的人机交互方式需要用到文字交互、语音交互、视觉交互、虚拟交互、人脸识别,以及虚拟现实与增强现实等新技术；接入物联网的可穿戴计算设备、智能机器人、无人车、无人机等智能设备和装置，在设计、研发、运行中，无不体现出机器学习与深度学习的应用效果（如图 2-7 所示）。

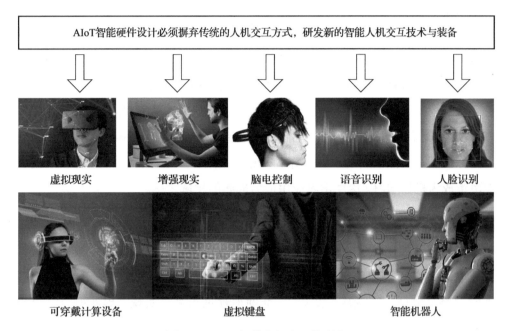

图 2-7　AIoT 智能人机交互的研究

3. 通信智能

AIoT 接入中采用了多种无线通信技术。"频率匮乏"与"频段拥挤"是无线接入必须面对的一个难题。认知无线电具有环境频谱感知和自主学习能力，能够动态、自适应地改变无线发射参数，实现动态频谱分配和频谱共享，是智能技术与无线通信技术融合的产物。

5G 边缘计算部署开始进入工程应用阶段。物联网边缘分析（IoT Edge Analytics）、边缘计算智能中间件与边缘人工智能（Edge AI）研究目前仍处于初始阶段。

继 5G 之后，6G 将广泛应用于更高性能的 AIoT 应用。6G 设计的关键挑战是在设计的开始就要考虑将无线通信技术与 AI 技术融合在一起，让 AI 无处不在。6G 不是在通信网络设计好之后再去考虑如何应用 AI 技术，而是要使 6G 网络架构具备原生 AI 支持能力。

4. 处理智能

AI 是知识和智力的总和，在数字世界中可以表现为"数据 + 算法 + 计算能力"，简称为"算力"。其中数据是来自各行各业、各种维度的海量数据；算法需要通过科学研究来积累；而数据的处理和算法的实现都需要大量计算能力。计算能力是 AI 的基础。"人 – 机 – 物 – 智"之间成功协作的关键是计算能力。大数据分析的理论核心是数据挖掘算法，各种数据挖掘算法基于不同的数据类型和格式，才能更加科学的呈现出数据自身具备的特点，挖掘出有价值的知识。预测分析是指利用各种统计、建模、数据挖掘工具对最近的数据和历史数据进行研究，从而对未来进行预测。

AIoT 智能工业、智能医疗、智能家庭、智慧城市等应用系统中大量使用语音识别、图像识别、自然语言理解、计算机视觉等技术，AIoT 数据聚类、分析、挖掘与智能决策成为机器学习 / 深度学习应用最为成熟的领域之一。

5. 控制智能

传统的智能控制已经不适应大规模 AIoT 应用的需求。数字孪生被引入虚拟空间，建立虚拟空间与物理空间关联与信息交互，通过数字仿真、基于状态的监控、机器学习将"数据"转变成"知识"，准确地预见未来，实现"虚实融合、以虚控实"的目标。

物联网智能控制技术已经取得了重大的进展，在计算机仿真技术基础上发展起来的数字孪生技术在智能工业、智慧城市的应用研究，为物联网复杂大系统的智能控制实现技术的研究提供了新的思路。

6. 原生支持智能

传统的设计方法是在 IoT 系统设计完成之后，再去考虑如何应用智能技术。未来的 AIoT 系统设计必然要改变传统的设计思路，在系统设计的开始就考虑如何将物联网技术与智能技术有机地融合在一起，使智能无处不在。原生支持智能是 AIoT 的发展愿景，也是 AIoT 重要的研究课题。

2.4 物联网体系结构研究

2.4.1 物联网体系结构与参考模型研究的重要性

在谈到体系结构时，人们马上会想到计算机体系结构与冯·诺依曼、计算机网络体系结构与 OSI 参考模型，以及互联网体系结构。这说明了以下两个问题：

第一，对于一个复杂的计算机系统结构、计算机网络系统结构，我们需要抽象出能够体现出不同类型计算机、不同类型计算机网络最基本的、共性特征的结构模型；

第二，体系结构的研究水平是评价一项技术成熟度的重要标志之一。

在深入研究物联网时，人们自然会想到应该用什么样的体系结构来描述物联网。在讨论物联网体系结构时，我们需要回忆一下计算机网络体系结构概念产生与体系结构形成的过程，它会给我们很多重要的启示。

20 世纪 70 年代后期，人们逐渐认识到计算机网络层次结构模型与协议标准的不统一，将会形成多种异构的计算机网络系统，给今后大规模的网络互联带来很大的困难，会限制计算机网络自身的发展。

20 世纪 80 年代初，国际标准化组织（ISO）研究并正式公布了开放系统互连参考模型（OSI/RM），也就是我们常说的"七层模型"，该模型已成为研发计算机网络的参考模型和体系结构标准。按照 OSI/RM 的定义：网络层次结构模型与协议构成了网络体系结构（Network Architecture）。

但是任何一种技术标准都必须最终接受市场的选择。在市场竞争中，互联网中广泛应用的 TCP/IP 体系最终取代了 OSI 参考模型成为事实上的产业标准。无论是叫作网络体系结构、网络层次结构，或者是叫作网络参考模型，其实质都是对网络结构共性特征的抽象表述、对网络协议体系组织结构的描述，指导系统开发者如何设计网络应用系统总体结构、如何选择实现网络服务功能最合适的技术。

物联网行业应用系统功能差异大、结构与协议标准复杂，这就给我们研究物联网应用系统规划与设计方法带来很大的困难。无论物联网应用系统多复杂，它们必然会存在着一些内在的共性特征，重要的是能不能准确地认识和总结出这些基本的共性特征，找出最合理的层次结构模型。从计算机网络层次结构模型与体系结构发展演变过程中，可以得出两点启示：

第一，研究物联网技术必须要研究物联网的层次结构参考模型与技术架构；

第二，任何一种物联网层次结构模型与体系结构最终都要接受实践的检验。

2.4.2　AIoT 技术架构

了解 AIoT 技术架构与层次结构参考模型，对于理解 AIoT 的基本工作原理、工作流程、关键技术，指导 AIoT 应用系统的规划、设计、开发与运维，具有重要的意义。

1. AIoT 技术架构的基本概念

AIoT 概念的问世推进了"IoT＋AI＋云计算＋5G＋边缘计算＋大数据＋智能决策＋智能控制"技术的融合创新，将 IoT 技术、应用与产业推向了一个新的发展阶段。如何用一种简洁的技术架构模型表述 AIoT 应用系统的共性特征，并且能够用这种架构模型指导、规划、设计 AIoT 应用系统，是 AIoT 研究的一个重要课题。

随着各行各业 AIoT 应用研究的深入，我们发现不同行业、不同应用场景的物联网 AIoT 应用系统的特点有很大的差异。例如工业物联网应用与消费类物联网应用，它们之间的差异是非常明显的，要总结出它们之间的共性特征，必须在掌握大量 AIoT 应用成功案例的基础上进行深入的分析与总结，才有可能得出非常有价值的结论，这需要经过一定的时间、知识与经验的积累过程才能完成。

目前产业界与学术界比较通行的方法主要有两种：第一种方法是集中精力研究某个产业的某一类应用系统的共性特征，提出这一类应用系统的 AIoT 层次结构参考模型与体系结构；第二种方法是从更宏观的角度，从支撑 AIoT 的关键技术入手，在研究 AIoT 技术架构的基础上，提出 AIoT 层次结构参考模型，用来指导 AIoT 的应用系统规划、架构设计与工程实现。本书采用第二种方法来研究 AIoT 技术架构与 AIoT 层次结构参考模型。

在《物联网工程导论（第 2 版）》提出的层次结构模型的基础上，吸取各个国际研究机构与标准化组织发表的物联网层次结构模型的特点，结合对 AIoT 自身的特点以及支撑 AIoT 发展的新技术的理解，我们将 AIoT 应用系统总体功能分解到不同的层次，明确各层实现各自功能所需要采用的技术和协议，提出了如图 2-8 所示的 AIoT 技术架构。

AIoT 技术架构由感知层、接入层、边缘层、核心交换层、应用服务层与应用层组成。

（1）感知层

感知层是物联网的基础，实现感知、控制以及用户与系统交互的功能。感知层包括传感器与执行器、RFID 标签与读写设备、智能手机、GPS 与智能测控设备、可穿戴计算设备、智能机器人、智能网联汽车、智能无人机等移动终端设备，涉及嵌入式计算、可穿戴计算、智能硬件、物联网芯片、物联网操作系统、智能人机交互、深度学习和可视化技术。

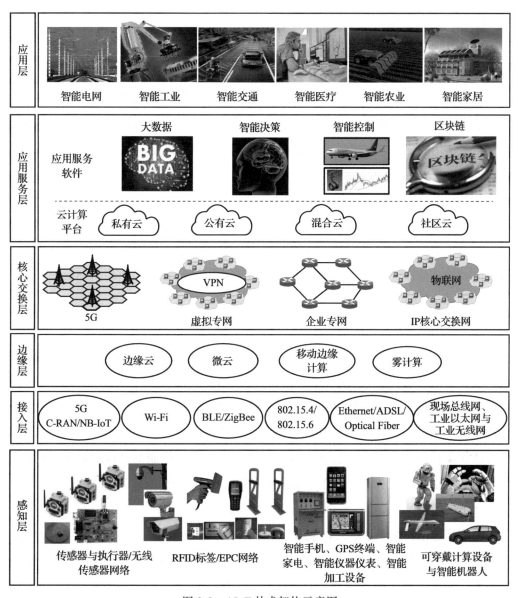

图 2-8　AIoT 技术架构示意图

（2）接入层

接入层担负着将海量、多种类型、分布广泛的物联网设备接入物联网应用系统的任务。接入层采用的接入技术包括有线通信技术与无线通信技术两类。有线通信技术包括 Ethernet、ADSL、HFC、现场总线、光纤接入、电力线接入等；无线通信技术包括近场通信 NFC、BLE、ZigBee、6LoWAN、NB-IoT、Wi-Fi、5G 云无线接入网（C-RAN）技术、异构云无线接入网（H-CRAN）技术，以及无线传感器网络与光纤传感器网络技术。

（3）边缘层

边缘层也叫作边缘计算层，它将计算与存储资源（如微云、微型数据中心、雾计算节点或微云）部署在更贴近移动终端设备或传感器网络的边缘，将很多对实时性、带宽与可靠性有很高需求的计算任务迁移到边缘云中处理，以减小任务响应延时、满足实时性 AIoT 应用需求、优化与改善终端用户体验。边缘云与远端核心云协助，形成了"端 - 边 - 云"的三级结构模式。

（4）核心交换层

提供行业性、专业性服务的物联网核心交换层承担着将接入网与发布在不同地理位置的业务网络互联的广域主干网的功能。对网络安全要求高的核心交换网需要分为内网与外网两大部分，内网与外网通过安全网关连接。构建核心交换网内网时可以采用 IP 专网、VPN 或 5G 核心网技术。

（5）应用服务层

应用服务层软件运行在云计算平台之上，云平台可以是私有云，也可以是公有云、混合云或社区云。应用服务层为物联网应用层需要实现的功能提供服务，提供的共性服务主要包括：从物联网感知数据中挖掘出知识的大数据技术；根据大数据分析结论，向高层用户提供可视化的辅助决策技术；通过反馈控制指令，实现闭环的智能控制技术。数字孪生将大大提升物联网应用系统控制的智能化水平，区块链将为构建物联网应用系统的信任体系提供重要的技术手段。

（6）应用层

应用层包括智能工业、智能农业、智能物流、智能交通、智能电网、智能环保、智能安防、智能医疗与智能家居等行业应用。无论是哪一类应用，从系统实现的角度来看，都是要将代表系统预期目标的核心功能分解为一个个简单和易于实现的功能。每一个功能的实现需要经历复杂的信息交互过程，对于信息交互过程需要制定一系列的通信协议。因此，应用层是实现某一类行业应用的功能、运行模式与协议的集合。软件研发人员将依据通信协议，根据任务需要来调用应用服务层的不同服务功能模块，以实现对物联网应用系统的总体服务功能。

应用层软件尽管也运行在云计算平台上，但是从功能分层的原则和逻辑关系上来看，还是应该将应用层与应用服务层分开，应用服务层侧重于为行业应用提供共性服务与软件模块，应用层侧重于行业应用功能实现的方法与技术。应用服务层不可能涵盖行业应用中复杂的功能与协议，应用层与应用服务层需要协作，才能够实现物联网应用系统的总体服务功能。

2. 四项跨层的共性服务

在讨论物联网技术架构时，必须注意与各个功能层都有交集的跨层、共性的服务，这些服务主要包括网络安全、网络管理、名字服务与 QoS/QoE。

（1）网络安全

网络安全涉及物联网从感知层到应用层的任何一种网络，小到传感器 / 执行器接入网中的近场网络、局域网中的 BLE、ZigBee、Wi-Fi、5G/NB-IoT，大到核心交换网、云计算网络，都存在网络安全问题，并且各层之间相互关联、相互影响。

（2）网络管理

接入网、核心交换网与后端网络都使用了大量网络设备，接入了各种感知、执行、计算节点，它们相互连接构成了物联网网络体系。各层之间都需要交换数据与控制指令，因此网络管理同样涉及各层，并且是各层之间相互关联与相互影响的共性问题。

（3）名字服务

在计算机网络中，"名字"标识一个对象，"地址"标识对象所在的位置，"路由"确定到达对象所在位置的方法。整个网络活动建立在"名字 – 地址 – 路由"的基础之上。很显然，每个连接到物联网的"物"都需要有全网唯一的"名字"与"地址"。物联网的名字服务（或对象名字服务，ONS）包括命名规则与名字 / 地址解析服务。

物联网 ONS 的功能与互联网 DNS 的功能类似。在互联网中，我们在访问一个 Web 网站之前，首先通过 DNS 查询到该网站的 IP 地址。以视频标签 RFID 为例，在物联网中要查询 RFID 标签对应的物品详细信息，必须借助于 ONS 服务器、数据库与服务器体系。与互联网的 DNS 体系一样，要提高系统运行效率，就必须在物联网中建立本地 OSN 服务器、高层 OSN 服务器，以及根 OSN 服务器，形成覆盖整个物联网的能够随时、随地、便捷地提供对象名字解析服务的 ONS 服务体系。

（4）QoS/QoE

在互联网发展过程中，人们用了很大精力去解决服务质量（Quality of Service，QoS）问题。物联网传输的信息既包括海量感知信息，又包括反馈的控制信息；既包括对安全性、可靠性传输要求很高的数字信息，以及对实时性要求很高的视频信息，又包括对安全性、可靠性与实时性要求都高的控制信息。在物联网应用中，用户直接关心的不仅仅是客观的网络服务质量指标，而是在 QoS 基础上，加上人为主观因素的用户体验质量（Quality of Experience，QoE）。因此，对物联网"服务质量 / 用户体验质量"（QoS/QoE）的研究涉及与人相关的多种因素，必须在整个物联网网络体系的各层，通过协同工作的方式予以保证。物联网的 QoS/QoE 评价是一个富有挑战性的研究课题。

2.4.3　AIoT 层次结构模型

综合 AIoT 技术架构与跨层共性服务的讨论，我们可以给出如图 2-9 所示的由"六个层次"与"四个跨层共性服务"组成的 AIoT 层次结构模型。

图 2-9　AIoT 层次结构模型

由于感知层的传感器、执行器与用户终端设备通过接入层接入物联网之后，成为物联网的"端节点"，系统架构师一般将感知层与接入层统称为"端"，因此我们可以将 AIoT 层次结构模型用简单的"端 – 边 – 网 – 云 – 用"来表述。

物联网系统架构师一般习惯用更为简洁和容易记忆的方式来表述 AIoT 层次结构。一种简化的方式是用"端 – 边 – 管 – 云"来表述，这里的"管"（即"通信管道"）表示"网"，将应用纳入"云"中。另一种更为简化的方式是用"端 – 边 – 云"来表述。回顾 AIoT 的工作原理就会发现，由于 AIoT 的数据只在"端"设备中形成，实时性要求高的数据就近在"边"设备中计算，全局性数据集中在"云"平台上处理，因此从 AIoT 数据处理的角度，用"端 – 边 – 云"来表述 AIoT 层次结构也是合理的。

本章小结

1. AIoT 不是一种新的 IoT，它的出现标志着 IoT 进入了更高的发展阶段。

2. AIoT 将 IoT 的"人 – 机 – 物"融合扩展到"人 – 机 – 物 – 智"的融合。

3. AIoT 研究的最终目标是要达到"感知智能、认知智能与控制智能"的境界。

4. AIoT 技术架构可以用"端 – 边 – 网 – 云 – 用"或"端 – 边 – 管 – 云""端 – 边 – 云"来表述。

思 考 题

1. 为什么说云计算是 AIoT 重要的信息基础设施？

2. 请给出一个对网络通信有超高可靠性、超高带宽与超低延时要求的 AIoT 应用示例。

3. 结合个人手机移动互联网应用的体验，说明你对边缘计算必要性的理解。

4. 结合个人体验，说明你对大数据应用重要性的理解。

5. 结合个人体验，说明人工智能在我们身边有哪些具体的应用。

6. 请列举智能医疗中哪些是需要接入 AIoT 的"物"。

7. 请给出一个能够体现 AIoT"智"的特征的例子。

8. 请结合个人体验，说明用户体验质量的评价是一个复杂的问题。

第 3 章　AIoT 关键技术

本章将系统地讨论支撑 AIoT 发展的关键技术，重点介绍感知、接入、边缘计算、5G、基于 IP 的核心交换网、云计算、大数据、智能控制、区块链等技术的概念及其在 AIoT 中的应用。

本章学习要点：

- 了解 AIoT 关键技术涵盖的主要内容；
- 了解感知、接入、边缘计算、5G、核心交换网、云计算、大数据、智能控制、区块链的技术特点及其在 AIoT 中的应用。

3.1　感知技术

3.1.1　传感器的研究与应用

1. 感知的基本概念

眼、耳、鼻、舌、皮肤是人类感知外部物理世界的重要感官。我们通过手接触物体就可以知道物体是热还是凉，用手提起一个物体就可以判断出它大概有多重，用眼睛可以快速地从教室里的多位学生中找出某一位同学，用舌头可以尝出食物的酸甜苦辣，用鼻子可以闻出各种气味。人类通过视觉、味觉、听觉、嗅觉、触觉等五大感官来感知周围的环境，这是人类认识世界的基本途径。与人类五大感官相比拟的传感器主要有：

- 视觉——光敏传感器；
- 听觉——声敏传感器；

- 嗅觉——气敏传感器；
- 味觉——化学传感器；
- 触觉——压敏、温敏、流体传感器。

人类具有非常强大的感知能力。我们可以综合视觉、味觉、听觉、嗅觉、触觉等多种手段感知的信息，来判断周边的环境是否正常，比如是否发生了火灾、污染或交通堵塞。然而，仅仅依靠人的基本感知能力是远远不够的。

人类的感观也有局限性，例如人类没有能力感知紫外线或红外线辐射，也感觉不到电磁场与无色无味的气体。随着人类对外部世界的改造、对未知领域与空间的拓展，人类需要的感知信息的来源、种类、数量、精度不断增加，对感知信息的获取手段也提出了更高的要求，而传感器是能够满足人类对各种信息感知需求的主要工具。

传感器是构成 AIoT 感知层的基本组成单元之一，是 IoT 及时、准确、全面获取外部物理世界信息的重要手段。从 AIoT 对感知的需求的角度来看，传感器的基本功能可以分为：

- 对象感知：用于对象身份的识别与认证。
- 环境感知：用于获取监测区域的环境参数与变化量。
- 位置感知：用于确定对象所在的地理位置。
- 过程感知：用于监控对象的行为、事件发生与发展的过程。

需要注意的是，一种传感器可以用于不同的应用场景，而一个应用场景可能要用到多种传感器。

2. 传感器的基本概念

传感器（sensor）是一种能够将物理量或化学量转变成可以利用的电信号的器件。传感器是实现信息感知、自动检测与自动控制的首要环节，是人类五大感官的延伸。

传感器是由敏感元件和转换元件组成的一种检测装置。传感器能感知到被测量的物体，并能将检测到的信息按一定规律变换为用电压、电流、频率或相位表示的电信号，以满足感知信息的获取、传输、处理、存储、显示、记录与控制的要求。图 3-1 给出了以声传感器为例的传感器结构示意图。

当声敏感元件接收到声波时，声敏感元件将声音信号转换成电信号，输入转换电路。转换电路将微弱的电信号放大、整形，输出与被测量的声波频率和强度相对应的感知数据。我们手机中的麦克风就是一种典型的声传感器。

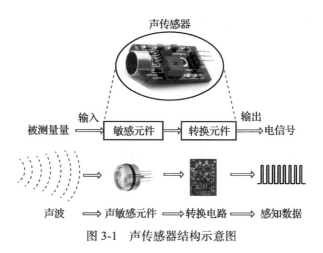

图 3-1　声传感器结构示意图

　　1883 年出现的第一台恒温器被认为是第一个应用传感器的控制设备。目前传感器已经广泛应用于工业、农业、交通、医疗、环境监测等领域，被测量的参数包括温度、湿度、振动、位置、速度、加速度、方向、转矩、重量、压力、压强、声强、光强，以及流量、流速、张力、气体化学成分、土壤成分等。

　　从 20 世纪 80 年代开始，产业界对传感器的重要性有了新的认识。我们将 20 世纪 80 年代看作"传感器时代"，并将传感器技术列为 20 世纪 90 年代 22 项关键技术之一。

3. 传感器接入 AIoT 的基本方法

　　我们以声传感器为例来说明传感器接入 AIoT 的基本方法。传统的声传感器能够感知周边环境中声音的频率与强弱，但是简单的声传感器自身并不具备通信能力，不能够将感知信号主动传送出来。要想将声传感器接入 AIoT，就必须采用嵌入式技术将声传感器集成到电子设备中，构成一个既能感知声音信号又具有一定的计算、存储与通信能力的 AIoT 终端设备，其结构如图 3-2 所示。

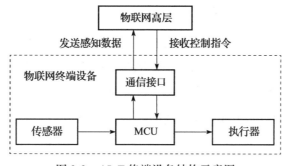

图 3-2　AIoT 终端设备结构示意图

AIoT 终端设备是一种典型的嵌入式计算设备，它在微控制单元（Micro Control Unit，MCU）的控制下有条不紊地工作。MCU 负责接收、处理声传感器感知的信息，并将感知的数字数据通过通信接口传送到 AIoT 高层。高层反馈的控制指令通过通信接口与 MCU 被传送到执行器。这样，传统的传感器就具有了一定的通信与计算能力，可以接入 AIoT。

由于 AIoT 终端设备通常不仅需要简单地接入传感器或执行器，有时还需要同时接入多种传感器与执行器，构成各种不同类型的嵌入式计算设备，因此我们也常将感知层称为设备层。

4. 传感器的分类

传感器有多种分类方法，如根据传感器的功能分类、根据传感器的工作原理分类、根据传感器感知的对象分类，以及根据传感器的应用领域分类等。

根据工作原理分类，传感器可分为物理传感器、化学传感器两大类，生物传感器属于一类特殊的化学传感器。表 3-1 给出了常用的物理传感器与化学传感器。

表 3-1 常用的物理传感器与化学传感器

物理传感器	力传感器	压力传感器、力矩传感器、速度传感器、加速度传感器、流量传感器、位移传感器、位置传感器、密度传感器、硬度传感器、黏度传感器
	热传感器	温度传感器、热流传感器、热导率传感器
	声传感器	声压传感器、噪声传感器、超声波传感器、声表面波传感器
	光传感器	可见光传感器、红外线传感器、紫外线传感器、图像传感器，光纤传感器、分布式光纤传感器
	电传感器	电流传感器，电压传感器、电场强度传感器
	磁传感器	磁场强度传感器、磁通量传感器
	射线传感器	X 射线传感器、Y 射线传感器、β 射线传感器、辐射剂量传感器
化学传感器		离子传感器、气体传感器、湿度传感器、生物传感器

各种类型的传感器的外形如图 3-3 所示。

5. 传感器在 AIoT 中的应用

传感器作为 AIoT 感知外部环境的主要手段，已经广泛应用于智能工业、智能农业、智能医疗等领域。为了更直观地帮助读者了解传感器在 AIoT 中具体应用，我们用大家感兴趣的智能机器人为例来进行说明。

作为 AIoT 最理想的感知与执行功能融合的智能节点，智能机器人需要采用多种类型的传感器，从而具备"拟人"的视觉、听觉、触觉，以及在不同环境中自主移动和处理问题的"智慧"。智能机器人使用的传感器种类如图 3-4 所示。

图 3-3　各种类型的传感器的外形

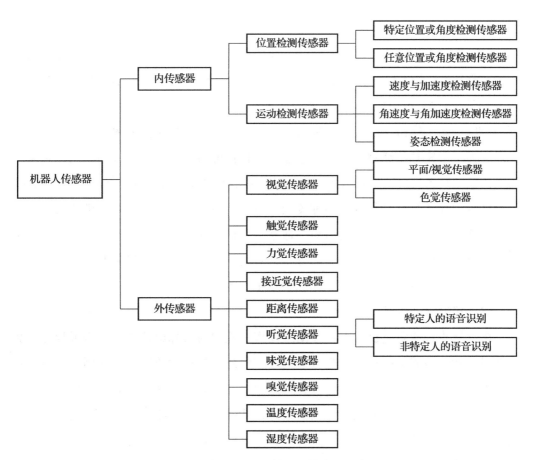

图 3-4　智能机器人使用的传感器种类

智能机器人使用的传感器可以分为内传感器与外传感器两大类。内传感器用于感知机器人的内部状态，是机器人自身控制的重要组成部分。外传感器是用于感知外部环境与状态的传感器，支持机器人去执行各种任务。外部传感器按照执行任务的要求，分别安装在机器人的头部、肩部、腕部、臀部、腿部或足部。

（1）视觉传感器

视觉传感器是机器人中最重要的传感器之一。视觉传感器出现在20世纪50年代后期，20世纪70年代以后实用性的视觉系统开始出现，并且发展十分迅速。视觉系统的功能一般包括图像获取、图像处理和图像理解。随后，机器学习与深度学习取得了突破性的进展，推动了图像处理技术的快速发展，并开始进入实用阶段。机器视觉帮助机器人、无人机、无人车识别外部环境，实现各种机器人运动、操作、避障、报警。机器视觉可实现对象感知、环境感知与过程感知。目前机器视觉的研究重点是识别人的手势、动作、表情、语言以及智能人工交互方法。

（2）触觉传感器

触觉是人与外界环境直接接触时重要的感觉功能，用于感知目标物体的表面性能和物理特性（如柔软性、硬度、弹性、粗糙度和导热性等），研制满足实际应用要求的触觉传感器是智能机器人发展中的关键。触觉研究从20世纪80年代初开始，到20世纪90年代初已取得了大量的成果。触觉传感器按功能大致可分为接触觉传感器、力-力矩觉传感器、压觉传感器、位移传感器等。接触觉传感器用于判断机器人的四肢是否接触到外界物体。接触觉传感器有微动开关、导电橡胶、含碳海绵、碳素纤维、气动复位式装置等多种类型。力-力矩觉传感器用于测量机器人自身或与外界相互作用而产生的力或力矩，通常装在机器人各关节处。压觉传感器测量接触外界物体时所受的压力和压力的分布，有助于机器人对接触对象的几何形状和硬度进行识别。位移传感器用来判断机器人的位置变化。

（3）接近觉传感器

接近觉传感器研究机器人在移动或操作过程中与目标或障碍物的接近程度，能感知对象物和障碍物的位置、姿势、运动等信息。接近觉传感器的作用是：在接触对象物前得到必要的信息，以便准备后续动作；发现前方障碍物时限制行程，避免碰撞；获取对象物表面各点间距离的信息，从而测出对象物表面形状。接近觉传感器可以分为光电式传感器、电磁式传感器、气压式传感器、电容式传感器和超声波式传感器等多种类型。

（4）力觉传感器

机器人的力觉传感器用于感知夹持物体的状态，校正由于手臂变形引起的运动误差，保护机器人及零件不会损坏，以及控制手腕移动、完成伺服控制等。力传感器根据安装的部位可以分为关节力传感器、腕力传感器、指力传感器和机座传感器等。

（5）听觉传感器

机器人的听觉传感器分为特定人的语音识别与非特定人的语音识别。特定人的语音识别是指将事先指定的人的声音中每一个字音的特征矩阵存储起来，形成一个模板，然后再将听到的语音进行匹配。非特定人的语音识别可以分为语言识别、单词识别与数字语音（0～9）识别。通过机器学习的训练，可以提高语音识别的能力。

AIoT 应用的发展为传感器技术与应用提出了很多新的课题，引发了传感器产业不断创新与快速发展的局面。当前传感器技术发展呈现出集成化与智能化、微型化与系统化、无线化与网络化的发展趋势。

3.1.2　RFID 与 EPC 技术

1. 自动识别技术的发展过程

在早期的信息系统中，相当大的一部分数据是通过人工方式输入计算机系统之中的。由于数据量庞大，因此数据输入的劳动强度大，人工输入的误差率高，严重地影响了生产与管理的效率。在生产、销售全球化的背景下，数据的快速采集与自动识别成为销售、仓库、物流、交通、防伪、票据与身份识别应用发展的瓶颈。基于条码、磁卡、IC 卡、RFID 的数据采集与自动识别技术的研究就是在这样的背景产生和发展的。图 3-5 给出了数据自动识别技术的发展过程示意图。

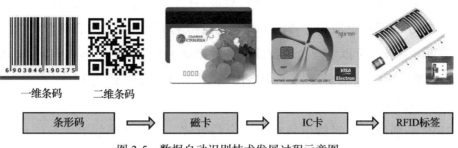

图 3-5　数据自动识别技术发展过程示意图

对于条码，读者一定都很熟悉，因为几乎所有的商品都贴有条码。目前条码存在几十种不同的码制，即不同的码型、编码方法与应用标准。

一维条码只是在一个方向（一般是水平方向）上表达信息，而在垂直方向则不表达任何信息。一维条码的优点是编码规则简单、造价低。二维码，又称为二维条码，是用某种特定的几何图形按一定规律在平面（二维方向上）分布的黑白相间的图形记录数字与字符信息的。移动互联网中的手机电子商务应用，使得二维码线下与线上应用都得到了快速发展，二维码已广泛应用于购物、电子门票、电子名片、产品防伪、身份认证、网上支付等领域。尽管条码已经广泛应用于人们生活的各个方面，但是二维条码的应用也受到了一定的限制：条码扫描器、手机的镜头必须能够看到清晰的条码图形。这里"看到"是指扫描器、手机的镜头与条码之间不能有物体遮挡，必须是可视的；"清晰"是指条码图形没有被污渍遮挡，条码图形完整，也没有折叠或破损。显然，这两个条件限制了条码的应用范围。因此，在有遮挡的不可视或黑暗环境中也能够自动读出数据的射频标签 RFID 技术应运而生。

2. RFID 标签的基本概念

（1）RFID 的特点

随着经济全球化、生产自动化的高速发展，在现代物流、货运集散地、智能仓库、大型港口集装箱码头、海关与保税区自动通关等应用场景中，如果我们仍然使用条码技术，那么当从远洋船舶、列车上卸下来的大批集装箱通过海关时，无论增加多少条检查通道、增加多少个海关工作人员，也无法实现进出口货物的快速通关，必然造成货物的堆积和时间的延误。解决大批货物快速通关的关键是如何保证通关货物信息的快速数据采集、自动识别与处理。当一辆装载着集装箱的货物通过关口的时候，RFID 读写器可以自动地"读出"贴在每一个集装箱、每一件物品上 RFID 标签的信息，海关工作人员面前的计算机能够立即获得进出口货物准确的名称、数量、发出地、目的地、货主等报关信息，海关人员就能够根据这些信息来决定是否放行。

目前 RFID 已广泛应用于智能制造、智能物流、智能交通、智能医疗、智能安防与军事等领域，可以实现全球范围内各种产品、物资流动过程中的动态、快速、准确地识别与管理，因此得到了世界各国政府与产业界的广泛关注。

（2）RFID 标签的基本结构

RFID 是利用无线射频信号空间耦合的方式，实现无接触的标签信息自动传输与识别的技术。RFID 标签又称为"射频标签"或"电子标签"（tag）。RFID 最早出现于 20 世纪 80 年代，首先欧洲一些行业和公司将这项技术用于库存产品的统计和跟踪、目标定位与身份认证。集成电路设计与制造技术的不断演化，使得 RFID 芯片向着小型化、高性能、低价格的方向发展，RFID 逐步被产业界所认知。2011 年生产的全世界最小的 RFID 芯片面积仅有 $0.0026mm^2$，可以嵌在一张纸上。

图 3-6a 所示为体积可以与普通米粒相比拟的、玻璃管封装的动物或人体植入式 RFID 标签，图 3-6b 所示为很薄的透明塑料封装的粘贴式 RFID 标签，图 3-6c 所示为纸介质封装的粘贴式 RFID 标签。

　a）玻璃管封装的植入式RFID　　b）透明塑料封装的粘贴式RFID　　c）纸介质封装的粘贴式RFID

图 3-6　不同外形的 RFID 标签

图 3-7a 给出了 RFID 标签的内部结构示意图，图 3-7b 是 RFID 标签结构组成单元示意图。从图中可以看出，RFID 标签由存储数据的 RFID 芯片、天线与电路组成。

a）RFID内部结构

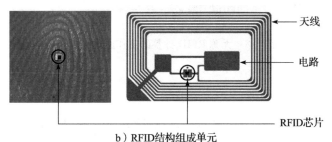

b）RFID结构组成单元

图 3-7　RFID 标签结构示意图

3. RFID 的基本工作原理

我们在高中物理课中都学习过法拉第电磁感应定律，该定律指出：交变的电场产生交变的磁场，交变的磁场又能产生交变的电场。

在电磁感应中存在着近场效应。当导体与电磁场的辐射源的距离在一个波长之内时，导体会受到近场电磁感应的作用。在近场范围内，由于电磁耦合的作用，电流沿着磁场方向流动，电磁场辐射源的近场能量被转移到导体。如果辐射源的频率为915MHz，那么对应的波长大约为33cm。当导体与辐射源的距离超过一个波长时，近场效应就消失了。在一个波长之外的自由空间中，无线电波向外传播时，能量的衰减与距离的平方成反比。

图3-8给出了无源标签的工作原理示意图。对于无源RFID标签，当RFID标签接近读写器时，标签处于读写器天线辐射形成的近场范围内。RFID标签天线通过电磁感应产生感应电流，感应电流驱动RFID芯片电路。芯片电路通过天线将存储在标签中的标识信息发送给读写器，读写器再将接收到的标识信息发送给主机。无源标签的工作过程就是读写器向标签传递能量、标签向读写器发送标签信息的过程。

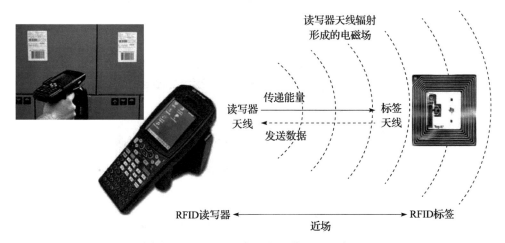

图 3-8   无源 RFID 标签的工作原理示意图

4. RFID 标签的编码标准

要使每一件产品的信息在生产加工、市场流通、客户购买与售后服务过程中，都能够被准确地记录下来，并且通过 AIoT 基础设施在世界范围内快速地传输，使得世界各地的生产企业、流通渠道、销售商店、服务机构每时每刻都能够准确地掌握所需要的产品信息，就必须形成全球统一的、标准的、唯一的产品电子编码标准。

2004 年 6 月，EPCglobal 公布了第一个全球产品电子代码 EPC 标准，并在部分应用领域进行了测试。目前正在研究和推广第二代（GEN2）EPC 标准。

EPC 码由四个数字字段组成：版本号、域名管理、对象分类与序列号。其中版本号表示产品编码所采用的 EPC 版本，从版本号可以知道编码的长度；域名管理标识生产厂商；对象分类标识产品类型；序列号标识每一件产品。

按照编码的长度，EPC 编码分为三种：64 位、96 位与 256 位，即 EPC-64、EPC-96 与 EPC-256。目前已经公布的编码标准有 EPC-64 Ⅰ、EPC-64 Ⅱ、EPC-64 Ⅲ，EPC-96 Ⅰ与 EPC-256 Ⅰ、EPC-256 Ⅱ与 EPC-256 Ⅲ等。

EPC 编码的特点之一是编码空间大，它不是用来标识某一类产品（如一种型号的电冰箱）的，而是能够给工厂生产的某一类产品中的每一件产品（如某一种型号的某一台电冰箱）分配一个全世界唯一的序列号。为了让读者对 EPC 编码有一个形象的认识，我们以 EPC-96 为例来说明这个问题。图 3-9 给出了 EPC-96 Ⅰ标准编码的 EPC 码结构与字段意义。

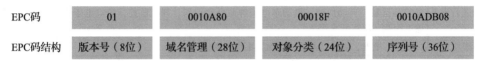

图 3-9　EPC-96 Ⅰ编码标准的 EPC 码字段结构与意义

假设图 3-9 中所示的 EPC-96 Ⅰ型编码标识了一台冰箱，编码总长度为 96 位，用十六进制表示为：01 0010A80 00018F 0010ADB08。其中：

- 版本号字段长度为 8 位，用来表示编码标准的版本，“01”表示编码采用的是 EPC-96 Ⅰ标准；
- 域名管理字段长度为 28 位，用来表示产品是由哪个厂家生产的，如“0010A80”表示我国某一家家用电器制造商；
- 对象分类字段长度为 24 位，用来表示一类产品，如“00018F”表示产品为冰箱；
- 序列号字段长度为 36 位，可以唯一地标识出每一件产品，如“0010ADB08”表示该生产商生产的编号为“0010ADB08”的那台冰箱。

从 EPC-96 Ⅰ型编码各个字段的长度可以看出，EPC-96 Ⅰ型编码可以：

- 标识出 2.68 亿个不同的生产厂商；
- 标识出每一个生产厂商提供的 1.68×10^7 类产品；
- 标识出每一类产品中的 687 亿件产品。

ECP 体系为 AIoT 提供了基础性的物品标识的规范体系与一种命名方式。随着 AIoT 研究的深入，RFID 技术的应用越来越广泛，表 3-2 给出了部分 RFID 的应用领域与项目名称。

表 3-2   RFID 的应用领域与项目

应用领域	具体应用
物流供应	信息采集、货物跟踪、仓储管理、运输调度、集装箱管理、航空与铁路行李管理
商品零售	商品进货、快速结账、销售统计、库存管理、商品调度
工业生产	供应链管理、生产过程控制、质量跟踪、库存管理、危险品管理、固定资产管理、矿工井下定位
医疗健康	病人身份识别、手术器材管理、药品管理、病历管理、住院病人位置识别
身份识别	身份证等各种证件、门禁管理、酒店门锁、图书管理、涉密文件管理、体育与文艺演出入场券、大型会议代表证
食品管理	水果、蔬菜、食品保鲜管理
动物识别	农场与畜牧场牛、马、猪及宠物识别与管理
防伪保护	贵重商品与烟酒、药品防伪识别与票据防伪、产品防伪识别
交通管理	城市交通一卡通收费、高速不停车收费、停车位管理、车辆防盗、停车收费、遥控开门、危险品运输、自动加油、机动车电子牌照自动识别、列车监控、航空电子机票、机场导航、旅客跟踪、旅客行李管理
军事应用	弹药、枪支、物资、人员、运输与军事物流
社会应用	气水电收费、球赛与音乐会门票管理、危险区域监控
校园应用	图书馆馆藏书籍管理、图书借书管理、图书排序检查、图书快速盘点、学生身份管理、学生宿舍管理

3.1.3   位置感知技术

1. 位置信息的基本概念

位置是 AIoT 中各种信息的重要属性之一，缺少位置的感知信息是没有使用价值的。理解位置信息在 AIoT 中的作用，需要注意以下几个问题。

（1）位置信息是各种 AIoT 应用系统实现服务功能的基础

日常生活中 80% 的信息都与位置有关，隐藏在各种 AIoT 系统自动服务功能背后的是位置信息。例如，通过 RFID 或传感器技术实现的生产过程控制系统中，只有确切地知道装配的零部件是否到达规定的位置，才能够决定下一步装配动作是否应该进行。位置信息是支持 AIoT 各种应用的基础。

（2）位置信息涵盖空间、时间与对象三要素

位置信息不仅仅是空间信息，它还包含三个要素：所在的地理位置、处于该地理位置的时间，以及处于该地理位置的人或物。例如，用于煤矿井下工人定位与识

别的无线传感器网络需要随时掌握哪位矿工下井，以及在什么时间、在什么地理位置的信息。

（3）通过定位技术获取位置信息是 AIoT 应用系统研究的一个重要方向

在很多情况下，缺少位置信息，感知系统与感知功能将失去意义。例如在目标跟踪与突发事件检测应用中，如果无线传感器网络的节点不能够提供自身的位置信息，那么它提供的声音、压力、光强度、磁场强度、化学物质的浓度与运动物体的加速度等信息也就没有价值了，必须将感知信息与对应的位置信息绑定之后才有意义。

2. GPS 的基本概念

全球定位系统（Global Positioning System，GPS）是将卫星定位导航技术与现代通信技术相结合，具有全时空、全天候、高精度、连续实时地提供导航、定位和授时的功能，在空间定位技术方面引起了革命性的变化，已经在越来越多的领域代替了常规的光学与电子定位设备。用 GPS 同时测定三维坐标的方法将测绘定位技术从陆地和近海扩展到整个地球空间和外层空间，从静态扩展到动态，从单点定位扩展到局部和广域范围，从事后处理扩展到实时处理。同时，全球定位系统将定位精度从米级逐渐提高到厘米级。

说起 GPS 的起源，就要谈到 1957 年 10 月 4 日苏联发射的世界上第一颗人造地球卫星 Sputnik。尽管第一颗人造地球卫星结构简单、功能单一，但是它的诞生揭开了人类利用卫星定位、导航的序幕。

研究卫星信号多普勒效应的科学家的第一个推测是：如果在地球上一个位置已知的固定点观测到卫星信号的多普勒频移值，那么我们就能够推算出卫星运行的轨道。不久，科学家用实验证实了他们的推测。

另一批科学家又提出了第二个推测，它是第一个推测的逆命题，那就是：如果卫星运行的轨道已知，那么根据卫星信号多普勒频移值，我们就能够推算出地球上这个观测点的位置。这项具有开创性的科学研究推动了 1960 年第一个卫星导航系统"子午"的诞生。

为了满足连续、实时与精确导航应用的需要，1973 年 4 月美国提出了第一代卫星导航与定位系统的研究计划，这就是 GPS 的前身。直到 1995 年，美国正式宣布GPS 进入全面运行阶段。

准确地说，全球导航卫星系统（Global Navigation Satellite System，GNSS）泛

指所有的卫星导航系统，包括美国的全球定位系统（Global Positioning System，GPS）、俄罗斯的格洛纳斯（GLONASS）卫星定位系统、欧洲的伽利略（Galileo）卫星定位系统和我国的北斗卫星导航系统（BeiDou Navigation Satellite System，BDS）。

3. GPS 的基本工作原理

图 3-10 给出了 GPS 接收机的定位原理示意图。假设你带着一台 GPS 接收机在地球表面 A 的位置。假设 A 点的坐标是（x，y，z），A 点与卫星 1 之间的距离是 R_1。接收机可以检测到电磁波信号从卫星 1 发送到 A 点的传输时间是 Δt_1。

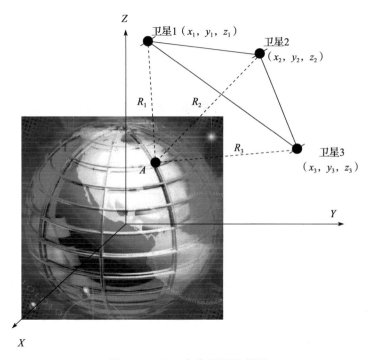

图 3-10　GPS 定位原理示意图

已知电磁波在自由空间的传输速度 $C = 3 \times 10^8$ 米 / 秒。那么，卫星 1 与 A 点的距离 $R_1 = C \times \Delta t_1$

根据立体几何的知识，已知卫星 1 的坐标是（x_1，y_1，z_1），那么距离 R_1 值与 A 点坐标、卫星 1 的坐标的关系为：

$$R_1 = \sqrt{(x_1 - x)^2 + (y_1 - y)^2 + (z_1 - z)^2}$$

如果接收机同时能够接收到卫星 2 与卫星 3 的信号，确定 A 点与 3 颗卫星的距

离分别为 R_2、R_3。那么我们就可以推出与 R_2、R_3 对应的 A 点的坐标与卫星 2、卫星 3 坐标的方程分别为：

$$R_2 = \sqrt{(x_2 - x)^2 + (y_2 - y)^2 + (z_2 - z)^2}$$
$$R_3 = \sqrt{(x_3 - x)^2 + (y_3 - y)^2 + (z_3 - z)^2}$$

从 3 个方程中解出 3 个未知数，即 A 点的坐标 (x, y, z)，应该是可行的。计算出 A 点的坐标之后，结合电子地图，就可以确定 A 点在地图上的位置。

如果再在下一秒测量出下一个新坐标的值，接收机就可以算出你的运动速度与方向。如果你输入一个目的地址，接收机就可以为你推荐导航的路线或者为你的汽车导航。

在前面讨论接收机位置求解过程时已经做了一个假设，那就是：我们所使用的 GPS 接收机的时钟与卫星的时钟没有误差，时钟频率是相同的。这样，我们就可以根据卫星发射的电磁波信号在自由空间传播的时间 Δt_1 与光速 C，计算出接收机到卫星的距离 R_1。

实际应用中，卫星系统的时钟与 GPS 接收机的时钟肯定是有误差的，计算出的 Δt 就有误差，由此计算出来的卫星与接收机之间的距离 R，以及接收机坐标就一定会有误差。

为了解决这个问题，接收机需要找到第 4 颗卫星。通过第 4 颗卫星计算出接收机时钟与卫星系统时钟的误差，来修正计算出的卫星信号在空间传播的时间 Δt 值，以提高定位精度。也就是说，如果接收机能够接收 3 颗卫星的信号就可以计算出接收机的位置；如果能够接收到 4 颗或更多的卫星的信号，就可以计算出接收机的位置与时间。

实际上 GPS 定位计算过程是很复杂的。由于地球表面是一个球面，因此需要考虑到很多的修正量，一般采用多维根估算（如 Newton-Raphson）方法的多次迭代计算，根据 4 颗及 4 颗以上卫星的数据，快速计算出位置与时间的近似值。

4. 北斗卫星导航系统

卫星导航系统是一个国家重要的空间信息基础设施，关乎国家安全。汽车、飞机、轮船的行驶离不开卫星导航系统的定位与导航，国家电网、高铁、飞机的运行、调度的时钟同步，也离不开卫星导航系统的授时功能。一个主权国家如果依赖另一个国家的卫星定位系统，那么一旦发生突发事件，就有可能因 GPS 系统关闭或停止服务、输入错误的位置与时间信息，而导致涉及军事与国民经济运行的大型系统瘫痪，引发社会动乱，危及国家安全。因此，拥有自主知识产权的卫星导航系统的研制成功，对于国家安全与社会稳定具有重大的战略意义。

北斗卫星导航系统的四大功能是：定位、导航、授时与通信。目前北斗卫星导航系统的主要技术参数为：

- 全球范围定位精度优于 10m；
- 测速精度优于 0.2m/s；
- 时间同步精度优于 10ns；
- 服务可用性优于 99%，亚太地区性能更优。

北斗卫星导航系统提供短报文通信，用户终端具有双向报文通信功能，用户可以一次传送 40 ~ 60 个汉字的短报文信息。短报文通信在远洋航行中有重要的应用价值，这是其他同类系统所不能提供的。

需要指出的是，北斗卫星导航系统发展的两大趋势是：北斗系统与 AIoT 的融合、北斗系统与 5G 的融合。目前北斗卫星导航系统已经应用于个人位置与导航服务，以及气象预报、道路交通、铁路运输、海运和水运、航空运输、国土测绘、应急救援、灾害预警、桥梁监测、精准农业、数字施工、智慧港口、智能环保、智能电网等领域。智能手机基本上都支持北斗功能。北斗卫星导航系统已经成为支撑我国 AIoT 产业发展的利器，北斗系统与 AIoT 的融合将会产生很多创新性的应用。

"北斗"与"5G"两项"大国重器"看似天地相隔，实际上具有天然的融合性，将使我国具备构建基于自主知识产权的"天罗地网"的能力。"北斗 +5G"的融合与应用的技术研究得到了学术界与产业界的高度重视。"北斗 +5G"的融合加速了北斗卫星导航系统应用的"落地"与产业快速发展，也为我国 AIoT 产业发展奠定了坚实的基础。

3.2   接入技术

3.2.1   接入技术分类

按通信信道类型，接入技术可以分为有线接入与无线接入两类，对应的是有线接入网与无线接入网，其类型如图 3-11 所示。

有线接入网主要包括：以太网（Ethernet）、电话交换网（ADSL）、有线电视网、电力线网络（PLC）、光纤网与光纤传感网、现场总线与工业以太网等。

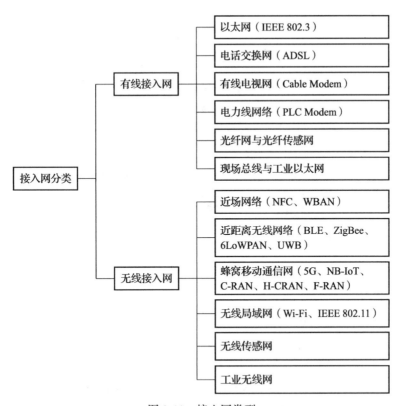

图 3-11 接入网类型

无线接入网主要包括：近场网络（NFC、UWB）、近距离无线网（BLE 蓝牙、ZigBee、6LoWPAN、UWB）、蜂窝移动通信网（4G/5G、NB-IoT、C-RAN、H-CRAN、F-RAN）、无线局域网（Wi-Fi）、无线传感器网、工业无线网等。

3.2.2 有线接入技术

AIoT 有线接入技术与接入网主要包括局域网、电话交换网、有线电视网、电力线网络、光纤网或光纤传感网接入，以及现场总线或工业以太网接入等基本类型。

1. 局域网接入

大量的校园网用户、企业网用户、办公室用户的计算机都是通过以太网（Ethernet）接入互联网的，同样也会有大量 AIoT 智能终端设备，如 RFID 汇聚节点、无线传感网的汇聚节点、工业控制设备、视频监控摄像头也会通过以太网接入 AIoT 之中（如图 3-12 所示）。

以太网的技术优势主要表现在以下几个方面：

图 3-12　通过以太网接入 AIoT 示意图

- 以太网数据传输速率为 10Mbit/s ～ 100Gbit/s，用户可以根据具体的应用需求，选择节点接入带宽；
- 节点与交换机连接的传输介质可以是非屏蔽双绞线，也可以是光纤；
- 传输介质的长度可以从十几厘米到几千米。

以太网技术成熟，性价比高，是固定节点接入 AIoT 的首选技术。以太网技术的应用呈现出以下的发展趋势：

- 从局域网向城域网、广域网扩展；
- 光纤逐渐取代传统的双绞线，成为以太网中常用的一种传输介质；
- "高速以太网 + 光纤"已经成为组建云数据中心网络的首选技术；
- 以太网可以从接入、汇聚、核心交换到云数据中心覆盖 AIoT；
- 工业以太网成为组建智能工业网络的主流技术之一。

2. 电话交换网与 ADSL 接入技术

电话的普及率很高，但是最初电话交换网只是为语音通信设计的，研究数字用户线技术就是为了实现让传统的电话线路既能够传送语音信号，又能够传送数字信号。

数字用户线（Digital Subscriber Line，DSL）是指从用户家庭、办公室到本地电话交换中心的一对电话线。用数字用户线实现通话与上网有多种技术方案，如非对称数字用户线（Asymmetric DSL，ADSL）、高速数据用户线（High Speed DSL，HDSL）、甚高速数据用户线（Very High Speed DSL，VDSL），人们通常用前缀 x 来表示不同的数据用户线技术方案，统称为 xDSL。随着 AIoT 应用的推进，人们发现利用 ADSL 可以方便地将智能家居网关、智能家电、视频监控摄像头、智能医疗终端设备接入 AIoT。

3. 广播电视网与 HFC 接入技术

与电话交换网一样，有线电视网络（CATV）也是一种覆盖面、应用面广泛的传输网络，被视为解决互联网宽带接入"最后一公里"问题的最佳方案。

传统的有线电视网络技术只能提供单向的广播业务，电视网络以简单共享同轴电缆的分支状或树形拓扑结构组建。随着交互式视频点播、数字电视技术的推广，用户点播与电视节目播放必须使用双向传输的信道，因此产业界对有线电视网络进行了大规模的双向传输改造。光纤同轴电缆混合网（Hybrid Fiber Coax，HFC）就是在这样的背景下产生的。

与 ADSL 一样，HFC 已成为一种极具竞争力的宽带接入技术。利用 HFC 技术可以将智能家居网关、智能家电、视频监控摄像头、智能医疗终端设备接入 AIoT。

4. 电力线接入技术

由于只要有电灯的地方就有电力线，电力线覆盖的范围远超过电话线，因此人们一直希望利用电力线实现数据传输，这项研究促进了电力线通信（Power Line Communication，PLC）技术的产生，并成为有线接入技术中的一种。

PLC 技术将发送端载有高频计算机、智能终端设备的数字信号载波调制在低频（我国与欧洲的为 220V/50Hz，美国和日本的为 110V/60Hz）交流电压信号上，接收端将载波信号解调出来，传送给接收端的计算机或控制终端。一般情况下，PLC 连接节点的范围限制在家庭内部的电力线覆盖范围内，信号传输不超过电表与变压器，因此也叫作室内电力线。

与 ADSL、HFC、光纤接入方法一样，利用 PLC 技术可以方便地将智能家居网关、智能家电、视频监控摄像头、智能医疗终端设备接入 AIoT，因此 PLC 技术也是一种经济、实用和具有良好发展前景的接入技术之一。

5. 光纤接入技术

在讨论 ADSL 与 HFC 宽带接入方式时，我们已经了解到：用于远距离的传输介质都采用了光纤，只有邻近用户家庭、办公室的地方仍然使用电话线或同轴电缆。FTTx 接入方式是将最后接入到用户端所用的电话线与同轴电缆全部用光纤取代。人们将多种光纤接入方式称为 FTTx，这里的 x 表示不同的光纤接入地点。根据光纤深入到用户的程度，光纤接入可以进一步分为：

- 光纤到家（Fiber To The Home，FTTH）。
- 光纤到楼（Fiber To The Building，FTTB）。
- 光纤到路边（Fiber To The Curb，FTTC）。
- 光纤到节点（Fiber To The Node，FTTN）。
- 光纤到办公室（Fiber To The Office，FTTO）。

由于光纤具有高带宽、高抗干扰性、高安全性的优点，因此光纤接入已经成为 AIoT 基本的接入方式之一。

3.2.3　近场通信技术

无线接入包括近场通信网络、近距离无线网络、蜂窝移动通信网、无线局域网、无线传感器网络、工业无线网等接入技术。

近场通信网是一种近距离、非接触式的无线网络，它主要包括近场通信、超宽带与无线个人区域网，是 AIoT 常用的一种小型传感器与执行器接入技术。

1. NFC 技术特点

近场通信（Near Field Communication，NFC）是一种近距离、非接触式的无线通信方式。NFC 是一种在十几厘米的范围内实现无线数据传输的技术。设计 NFC 的目标并不是要取代蓝牙、ZigBee 等其他近距离无线通信技术，而是在不同场合和不同应用领域起到补充的作用。

NFC 融合了非接触式 RFID 射频识别和无线互联技术，在单一芯片上集成了非接触式读卡器、非接触式智能卡和"点 - 点"通信功能。使用手持 NFC 手机或 PDA 等个人便携式终端，在十几厘米的短距离内不用登录网络系统，就可以方便地实现两个设备之间的"点 - 点"信息交换、内容访问和服务交互。

NFC 已经广泛应用于在线购物、旅游、娱乐中的电子消费、电子票证、电子钱包，成为 AIoT 常用的一种接入方式。

2. UWB 技术特点

超宽带（Ultra Wide Band，UWB）是一种利用纳米至微米级的非正弦波窄脉冲传输数据的无线通信技术。UWB 并不是一种新的技术，但是它所占的频谱范围很宽，有较高的研究价值，已经成为 AIoT 无线接入技术研究的热点。

由于 UWB 采用"超宽带"技术，发射端可以将微弱的脉冲信号分散到宽阔的频带上，输出功率甚至低于普通设备的噪声，因此 UWB 具有较强的抗干扰性、安全性与较高的 QoS 保证。UWB 的最高数据传输速率可达 55Mbit/s，而且发射功率、耗电量、成本远低于同类的近场通信技术，适用于近距离数字图像、多媒体、可穿戴计算设备与无线自组网应用场景。目前 UWB 的应用主要集中在智能医疗、智能交通、传感器联网与军事等领域。

3.2.4　近距离无线接入技术

近距离无线通信技术一般是指通信距离在几米到几十米、发射功率小于 100mW、具有低成本和低功耗通信特点的无线通信技术，它也是 AIoT 经常采用的接入技术之一。近距离无线通信技术主要包括 ZigBee、蓝牙、6LoWPAN 与 IEEE 802.15.4、WBAN 与 IEEE 802.15.6，以及 NFC 与 UWB 技术。

1. ZigBee 技术的特征

ZigBee 是一种基于 IEEE 802.15.4 标准的低速率、低功耗、低价格的无线网络技术。2001 年 8 月 ZigBee 联盟成立时，其目标是针对蓝牙技术不适应工业自动化应用的问题，研究一种面向工业自动控制的低功耗、低成本、高可靠性的近距离无线通信技术。ZigBee 的主要特点表现在以下几个方面。

- 低速率：数据传输速率为 10 ～ 250kbit/s，满足低速率数据传输的应用需求。
- 低功耗：发射信号功率仅为 1mW，而且采用了休眠模式，在低耗电待机模式下，两节 5 号电池就可以维持节点 6 ～ 24 个月。
- 低成本：由于 ZigBee 使用免于申请的无线频段，因此成本相对比较低。
- 低延时：通信延时和从休眠状态激活的延时都非常短，典型的设备发现延时约为 30ms，休眠激活的延时约为 15ms，设备接入信道的延时约为 15ms。ZigBee 适用于对实时性要求高的工业控制应用场景。
- 组网灵活：一个星形结构的 ZigBee 网络最多可以容纳 254 个从设备和一个主设备；一个区域内可以同时存在的 ZigBee 网络最多为 100 个，组网灵活。
- 安全性高：ZigBee 通过 CRC 校验的方式来检查数据包的完整性与传输的正确性，采用 AES-128 加密算法，支持鉴权和认证，系统安全性较高。

目前，ZigBee 已作为近距离、低复杂度、自组织、低功耗、低数据速率的无线接入技术，应用于智慧农业、智能交通、智能家居、智慧城市与工业自动化领域。

2. BLE 研究背景

蓝牙通信采用 ISM 频段（2.4GHz）。早期的蓝牙技术主要用于 PC、手机与无线键盘、无线鼠标、无线耳机、MP3 播放器、无线投影仪（笔）、无线音箱接入。目前新版本的蓝牙标准主要考虑 AIoT 低功耗、低成本、大规模接入的应用需求，尤其适用于智慧家居、智慧医疗、智慧城市等应用场景。

2010 年，4.0 版本之后的蓝牙技术向 AIoT 接入需要的低功耗方向发展。蓝牙 4.0 包括两个标准：一个是传统蓝牙标准，另一个是低功耗蓝牙（Bluetooth Low Energy，BLE）标准。传统蓝牙标准主要用于数据量较大的、音频数据传输。BLE 标准主要应用于实时性要求比较高、数据速率要求相对较低的传感器与遥控器产品、手机和移动设备之间的通信，以及 AIoT 终端设备的接入。

2013 年推出的蓝牙 4.1 版本支持 IPv6，降低了 LTE 无线信号对蓝牙通信的干扰。2014 年推出的蓝牙 4.2 版本支持 6LowPAN，增强了安全性。2016 年推出的蓝牙 5.0 与蓝牙 4.2 相比，传输效率从 1Mbit/s 提高到 2Mbit/s，传输距离从 75m 提高到 300m，并且功耗更低。2017 年推出的蓝牙 MESH 支持无线自组网，更适用于 AIoT 接入。

3. 6LoWPAN 与 IEEE 802.15.4

2002 年，IEEE 成立了 802.15 工作组，专门从事无线个人区域网（Wireless Personal Area Network，WPAN）的标准化工作，任务是开发一套适用于短距离无线通信的标准。随着 IPv4 地址的耗尽，由 IPv6 替代 IPv4 协议已是大势所趋。低功耗无线个人区域网（Low-Power WPAN，LoWPAN）将 IPv6 集成到 IEEE 802.15.4 为底层协议的 WPAN 中。

与蓝牙技术相比，IEEE 802.15.4 协议在设计上更加节能，一块普通电池的使用寿命可以达到 2 年或更长的时间；一个网络可以接入 100 ~ 150 个节点，构成一个星形或簇形拓扑网络。IEEE 802.15.4 协议具有低复杂度、低成本、低功耗、低速率、灵活组网的特点，在智能工业、智能农业、智能环保等领域有着广泛的应用前景。

4. WBAN 与 IEEE 802.15.6

随着 AIoT 智能医疗研究的深入，无线人体区域网（Wireless Body Area Network，

WBAN）成为研究的热点。WBAN 以人体为中心，将与人体相关的设备（个人终端设备、可穿戴计算设备、分布在人体表面或植入人体的传感器），以及人体附近 3～5m 范围内的通信设备之间互联，为个人医疗、保健、娱乐以任何方式在任何时间、任何地点提供可移动、上下文感知、实时性、智能化与个性化的服务，进一步向普适计算方向演进。

医疗类 WBAN 应用需要持续不断地采集、传送人体的重要生理信息（如体温、脉搏、血压、血糖等参数）、人体活动或动作信号以及人体所在环境信息，通过无线信道将这些信息传送到医疗健康控制中心进行分析、处理，为医护人员确定被监控者的健康状况、病情提供数据支持，从而有效避免患者突发心脑疾病的情况，并为各种慢性病患者提供病情监测。这就决定了 WBAN 要求节点体积小、功耗超低、可靠性高、安全性高与高智能。

2012 年 3 月，IEEE 正式批准了 WBAN 的协议标准——802.15.6。IEEE 802.15.6 确定的最高传输速率为 10Mbit/s、最长传输距离为 1m，可以取代蓝牙与 ZigBee。IEEE 802.15.6 除了应用于医疗保健与疾病监控之外，也可以用于日常生活中的便携播放器与无线耳机等人体身边便携式装置之间的通信，以及消防、探险、军事等特殊场合。

3.2.5　Wi-Fi 接入技术

无线局域网（Wireless LAN，WLAN）又称为无线以太网（Wireless Ethernet），它是支撑 AIoT 接入的关键技术之一。WLAN 以微波、激光与红外等无线信道作为传输介质，代替传统局域网 Ethernet 中的同轴电缆、双绞线与光纤，实现 WLAN 的物理层与介质访问控制子层功能。人们习惯将 IEEE 802.11 无线局域网称为 Wi-Fi，将 Wi-Fi 接入点（Access Point，AP）设备称为无线基站（Base Station）或无线热点（Hot）。

需要注意的是：为了维护无线通信的有序性、防止不同通信系统之间的干扰，世界各国都要求无线电频段的使用者向政府管理部门申请特定的频段，获得批准后才可以使用。国际电信联盟无线通信局要求世界各国专门划出免予申请的工业、科学与医药的 ISM 频段（Industrial Scientific Medical），专门开放某些频段供工业、科学和医学机构使用。原则上使用这些频段的用户不需要事先申请许可证，也不需要缴纳费用，只需要遵守一定的发射功率（一般低于 1W）限制，并且不对其他频段造成干扰即可。由于 Wi-Fi 无线信道选用了免于申请的 ISM 频段，因此可以免费使用。正因为如此，Wi-Fi 已经成为与水、电、气、路相提并论的第五类社会公共设施，Wi-Fi 的覆盖范围已经成为我国"无线城市"与"智慧城市"建设的重要考核指标之一，也是 AIoT 无线接入的主要技术。

IEEE 802.11 协议标准有很多并处于高速发展状态，其中有代表性的是 IEEE 802.11n 标准。IEEE 802.11n 工作在 2.4GHz 与 5GHz 两个频段，最高速率可达到 600Mbit/s。一个接入点覆盖范围一般在几十米到几百米，形成了一个以接入点为中心节点的星形拓扑结构基本服务集（Basic Service Set，BSS）。多个 BSS 可以互联成更大的扩展服务集（Extended Service Set，ESS），其结构如图 3-13 所示。

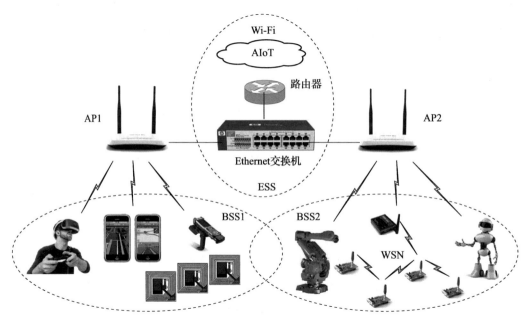

图 3-13   多个传感器、执行器节点通过 Wi-Fi 接入 AIoT 结构示意图

目前 Wi-Fi 正在从地面接入转向空中无人机无线接入，向空中无线自组网的方向发展。无人机搭载各种传感器与执行器，用于航拍摄影、农业植保、电力巡检、森林防火、高空灭火、应急通信、灾难救援、安全防护、野生动物观察、传染病监控、地形测绘、新闻报道、无人机物流等应用。

3.2.6   NB-IoT 接入技术

随着需要接入 AIoT 的移动终端设备数量大幅度上升，移动电信行业普遍认识到：传统的移动通信网难以满足 AIoT 应用对网络带宽与流量的需求。基于蜂窝移动通信网的广覆盖、多接入、低功耗、低成本、低速率接入技术——窄带物联网

（Narrow Band IoT，NB-IoT）技术因应而生。NB-IoT 的"窄带"定位来源于这项技术仅需使用 200kHz 的授权频段。

NB-IoT 技术的特点主要表现在以下几个方面。

- 广覆盖：NB-IoT 与 GPRS、LTE 相比，最大链路预算提升 20dB，即信号强度增大 100 倍，可覆盖地下车库、地下室、地下管道等普通无线信号难以覆盖的区域。

- 海量接入：单个 NB-IoT 扇区可支持超过 5 万个用户终端与核心网的连接，比传统的 2G、3G、4G 移动网络的用户容量提高 50 ～ 100 倍。

- 低功耗：NB-IoT 允许终端设备永远在线，通过减少不必要的信令、采用更长的寻呼周期与硬件节能机制，某些场景中终端模块的电池供电时间长达 10 年。

- 低成本：低速率与低功耗可以使终端设备结构简单，使用低成本、高性能的 NB-IoT 芯片（如华为 Boudica 芯片），有助于降低用户终端的制造成本。另外，NB-IoT 基于蜂窝网络，可以直接部署于现有的 LTE 网络，无须重新建网，部署、运营与维护成本相对较低。

- 安全：NB-IoT 继承了 4G 网络的安全性，支持双向鉴权和空口加密机制，确保用户终端在发送和接收数据时空口的安全性。

NB-IoT 已经开始应用于 AIoT 的智慧城市、智能医疗、智能物流、智能工业、智能电网、智能农业等领域。NB-IoT 作为 5G 技术的先行者，将向 5G 的大规模机器类通信长期演进。随着 NB-IoT 技术与标准的成熟，NB-IoT 将成为支撑 5G、面向大连接场景应用中最合适的技术。

3.2.7　5G 接入网技术

5G 作为 AIoT 的核心网络技术，不仅在移动网络的关键指标上有提升，而且要在无线接入网架构上实现"通信与计算"的融合，研究新型的无线接入网体系。

5G 典型的应用场景是人们的居住、工作、休闲与交通区域，特别是人口密集的居住区、办公区、体育场、地铁、高铁、高速公路等区域，以及智能工业、智能农业、智能医疗、智能交通、智能电网、智能安防等应用领域。AIoT 对 5G 接入的需求主要表现在以下两个方面。

- 数以千亿计的感知与控制节点、智能机器人、可穿戴计算设备、智能网联汽车、无人机需要接入 AIoT，有些要部署在实时性、安全性要求极高的工业生产环境中，也有很多节点可能需要部署在大楼内部、地下室、地铁、隧道中，以及山区、森林、水域等偏僻地区；

- AIoT 的感知数据和控制指令传输，对网络提出了极高带宽与极高可靠性、极低延时的需求。4G 网络难以达到此要求，只能寄希望于 5G 网络。

为了适应 AIoT 应用的需求，ITU 明确了 5G 的三大应用场景：增强的移动宽带通信、大规模机器类通信与超高可靠性 / 低延时通信。研究人员认识到：只有采用网络功能虚拟化（NFV）与软件定义网络（SDN）的基本思路，将无线接入与云计算、边缘计算相融合，才能够解决 5G 面对 AIoT 应用中的大规模接入，以及低延时、低能耗、高可扩展性的需求，产业界提出了云无线接入网（Cloud Radio Access Network，C-RAN）、异构云无线接入网（Heterogeneous CRAN，H-CRAN）与雾无线接入网（Fog-RAN，F-RAN）的接入网组网方案。

3.2.8 无线传感网接入技术

1. 无线传感网的基本概念

无线传感网（Wireless Sensor Network，WSN）是在无线自组网 Ad Hoc 的基础上发展起来的。Ad Hoc 网络是一种特殊的自组织、对等、多跳的无线移动网络。Ad Hoc 的主要特点可以归纳为以下几点：自组织与独立组网、无中心控制节点、多跳路由、动态拓扑、能量约束。

随着 Ad Hoc 与传感器技术的日趋成熟，研究人员自然会提出如何将 Ad Hoc 与传感器技术相结合，应用于对军事领域的兵力和装备的监控、战场实时感知、目标定位的设想。美国《商业周刊》（*Business Week*）和《麻省理工技术评论》（*MIT Technology Review*）在预测未来技术发展的报告中，将 WSN 列为 21 世纪最有影响的 21 项技术，以及未来改变世界的十大技术之一。

如果要设计一个用于监测有大量易燃物的化工企业的防火预警 WSN，那么可以在传感器节点上安装温度传感器。分布在厂区不同位置的传感器节点自动组成一个 Ad Hoc，任何一个被监测设备出现温度异常，该温度数据会立即被传送到控制中心。如图 3-14 所示，当一个被监测设备的温度突然上升到 150℃时，传感器节点将被感知的信息转化成数据，即 11001110 01000101；数据处理电路将数据转化成可以通过无线信道发送的数字信号。这组数字信号经过多个节点转发之后到达汇聚节点。汇聚节点将接收的所有数据信号汇总后，传送给控制中心。控制中心将从信号中读出数据，从数据中提取信息。控制中心综合多个节点传送来的信息，进而判断是否发生火情，以及哪个位置出现了火情。

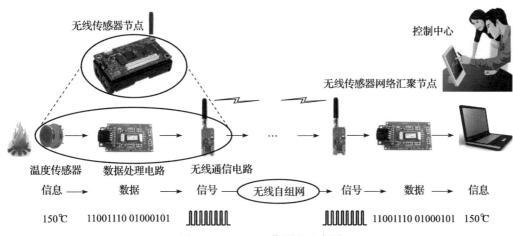

图 3-14　WSN 工作原理示意图

从这个例子可以看出，WSN 在工业、农业、环保、安防、医疗、交通等领域都有广泛的应用前景。同时，WSN 无须预先布线，也无须预先设置基站，就可以对敌方兵力和装备、战场环境进行实时监视，用于战场评估、对核攻击与生化攻击的监测和搜索。因此，WSN 的出现立即引起了学术界与产业界的高度重视。世界各国相继启动了多项关于 WSN 的研究计划。

2. WSN 技术的特点

WSN 技术的特点主要表现在以下几个方面。

（1）网络规模大

WSN 规模的大小与它的应用要求直接相关。如果应用于原始森林防火和环境监测，则必须部署大量的传感器节点，节点数量可能成千上万，甚至更多。同时，这些节点必须分布在被检测的地理区域的不同位置。因此，大型 WSN 节点多、分布的地理范围广。

（2）灵活的自组织能力

在 WSN 的实际应用中，传感器节点的位置不能预先精确设定，节点之间的邻居关系也预先不知道，传感器节点通常被放置在没有电力设施的地方。例如，通过飞机在面积广阔的原始森林中播撒大量传感器节点，或将传感器节点随意放置到人类不可到达的区域，甚至是危险的区域。这就要求传感器节点具有自组织能力，能够自动配置和管理，通过路由和拓扑控制机制，自动形成能转发感知数据的无线自组网。因此，WSN 必须具备灵活的组网能力。

（3）拓扑结构的动态变化

限制传感器节点的主要因素是节点携带的电源能量有限。在使用过程中，可能有部分节点因为能量耗尽或受周边环境的影响不能与邻近节点通信，这就要随时增加一些新的节点来替补失效节点。传感器节点数量的动态增减与相对位置的改变，必然会带来网络拓扑的动态变化。这就要求 WSN 系统具有动态系统重构能力。

（4）以数据为中心

传统的计算机网络设计关心节点的位置，设计工作的重点在于：如何设计最佳的拓扑结构，将分布在不同地理位置的节点互联；如何分配网络地址，使用户可以方便地识别节点，寻找最佳的数据传输路径。而在 WSN 的设计中，WSN 是一种自组织的网络，网络拓扑有可能随时在变化，设计者并不关心网络拓扑是怎样的，他们关心的是接收到的传感器感知数据包含怎样的信息，例如被观测的区域有没有兵力调动或者有没有坦克通过。因此，WSN 是"以数据为中心的网络"。

（5）受携带能量的限制

限制 WSN 生存期的主要因素是传感器节点携带的电池容量。在实际的 WSN 应用中，要求传感器节点数量很多，但是每个节点的体积很小，通常只能携带能量有限的电池。由于 WSN 要求节点数量多、成本低廉、分布区域广，而且部署区域的环境复杂，有些区域甚至是人不能到达的，因此传感器节点难以通过更换电池来补充能源。如何高效利用节点携带电池来最大化网络生存时间，这是 WSN 面临的首要挑战，也是 WSN 研究的关键问题之一。

3. WSN 的应用与发展

AIoT 在智能医疗、智能环保、智能安防、智能工业、智能农业、智能交通等领域的应用，为 WSN 在不同领域的应用研究提出了新的课题。随着世界各国围绕着海洋问题的斗争日趋激烈，对水下无线传感网的研究逐渐显示出重要意义。为了应对矿井、地铁与隧道安全以及地质灾害频发的局面，地下无线传感网逐渐进入应用阶段。随着军事战场监控与评估、车辆主动安全、医疗监护、环境监控、工业过程控制等应用中对视频、音频、图像等多媒体信息的感知、传输和处理的要求越来越高，无线多媒体传感网研究日益受到重视。随着无线人体区域网与医用传感器技术的发展，无线人体传感网应运而生。随着微 / 纳机电系统（MEMS/NEMS）与纳米传感器技术的发展，无线纳米传感网也开始逐渐受到学术界与产业界的重视。

3.3　边缘计算技术

3.3.1　边缘计算产生的背景

智能手机已经与大家形影相随，手机中的摄影、摄像、网游、导航、社交网络等应用产生了大量语音、视频与文本数据；手机网上购物与移动支付涉及个人身份、银行账户，其中包含很多涉及个人隐私的重要数据，一旦手机丢失将造成不可挽回的损失。将手机在移动网络中产生的数据随时传递到云端存储起来，是非常有效、安全和常用的方法。在这样的背景下，移动云计算（Mobile Cloud Computing，MCC）概念的产生也就很容易理解了。

如果将移动终端设备看作云计算的瘦客户端，可以将数据从移动终端设备迁移到云端进行计算与存储，移动云计算系统形成了"端 – 云"的两级结构（如图 3-15 所示）。

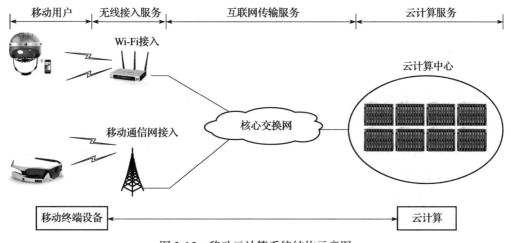

图 3-15　移动云计算系统结构示意图

智能工业、智能网联汽车、虚拟现实 / 增强现实、4K/8K 高清视频以及 AIoT 实时性应用，对网络提出了超低延时、超高带宽、超高可靠性的要求。例如，在智能工业的汽车制造中，用激光焊枪焊接一条长 15cm 的焊缝时需要在几秒钟之内完成1000 个焊点，在进入下一道工序之前必须快速完成对焊点是否合格的判断，这自然要用到机器视觉。在这种情况下，机器视觉产生的图像不可能被传送到远端核心云中去分析，只能在靠近生产线的计算设备中，通过图形分析软件快速完成焊点的质量评估，这种实时性要求高的应用势必会带来计算模式的变化。这样的案例在 AIoT 应用系统中屡见不鲜。在这样的大背景下，边缘计算（Edge Computing，EC）的概念应运而生。

3.3.2 边缘计算的基本概念

有的学者用人的大脑与末梢神经的关系形象地解释边缘计算的概念。他们将云计算比喻成人的大脑，边缘计算相当于人的末梢神经。当人的手被针刺到的时候，首先是下意识地将手缩回。将手缩回的过程是由末梢神经为避免受到更大的伤害而做出的快速反应，同时末梢神经会将被针刺的信息传递到大脑，大脑将从更高的层面去综合判断受到的是什么样的伤害，并指挥人做出进一步的反应。

实际上，边缘计算在军事领域的应用出现在 2003 年，当进行士兵个人数字化试点时就已经出现了。因为作战时需要处理的战场感知信息的数据量非常大，士兵携带专用的数字设备是无法胜任的。如果要将大量的战场数据上传到作战指挥中心的数据中心进行集中处理，必须先要解决两个基本的问题。一是要为每个士兵配置单兵与数据中心之间交互的高带宽无线（或卫星）通信系统，这套系统的造价极高，这个方案是不可取的。二是士兵携带的专用数字设备和作战装备已经重达数十公斤，为了增强计算能力就要增加单兵负重，这个方案显然也是不可取的。军方提出的解决方案是：在与作战士兵随行的作战车上部署一个边缘计算节点设备。这个边缘计算节点可以与 1 公里范围内的士兵进行数据交互。作战车上的移动边缘计算节点向上可以与高层的作战指挥中心的数据中心通信，向下可以与战场士兵进行数据交互。这样，战场移动边缘计算节点就可以结合高层作战指挥中心数据中心的作战态势分析与指令，就近及时对多个单兵信息进行综合处理，快速向战场上每个士兵发送具体的作战指令。

边缘计算就是一种将计算与存储资源部署在更贴近于终端节点边缘的计算模式。要理解边缘计算的内涵，需要对"边缘"的概念进行深入的讨论。理解"边缘"的概念时需要注意：

- 边缘计算中的"边缘"首先是相对于连接在网络上的远端云计算数据中心而言的；
- 边缘计算中的"边缘"是相对的，它泛指从数据源经过核心交换网到达远端云计算中心路径中的任意一个或多个计算、存储和网络资源节点；

● 边缘计算的核心思想是"让计算应该更靠近数据源，更贴近用户"。

传统的移动云计算形成"端 – 云"的两级结构，移动边缘计算形成"端 – 边 – 云"的三级结构（如图 3-16 所示）。

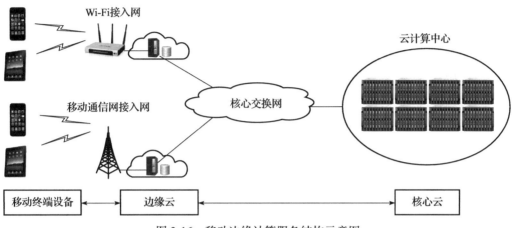

图 3-16　移动边缘计算服务结构示意图

AIoT 网络边缘节点上的资源包括：智能手机、个人计算机、可穿戴智能设备、智能机器人、无人车与无人机等嵌入式用户端设备，Wi-Fi 接入点、蜂窝网络基站、交换机、路由器等网络基础设施，以及雾计算（Fog Computing，FC）、微云（Cloudlet）与移动云计算（Mobile Cloud Computing，MCC）、边缘服务器（Edge Server）等小型计算中心与资源。这些资源形成了数量众多、相互独立、分散在用户周围的计算、存储与网络的边缘节点。边缘计算将空间距离或网络距离上与用户邻近的边缘资源节点集成起来，形成分布式协同工作系统，为有实时性要求的 AIoT 应用提供服务。

3.3.3　边缘云与云数据中心的关系

对于边缘云与云数据中心之间的分工协作的过程，可以通过图 3-16 所示的智能医疗给出形象化的解释。

图 3-17 所示的是一个基于移动边缘计算的智能医疗应用系统工作过程示意图。AIoT 硬件设计工程师开发了一个胰岛素手环。糖尿病患者戴上胰岛素手环，手环中的血糖传感器能够实时测量到患者的血糖值，然后通过智能医疗的边缘计算系统，通过边缘云与云数据中心的协同工作，来实现对患者病情的监控和紧急救治。这个系统的工作过程可以分为以下几个步骤。

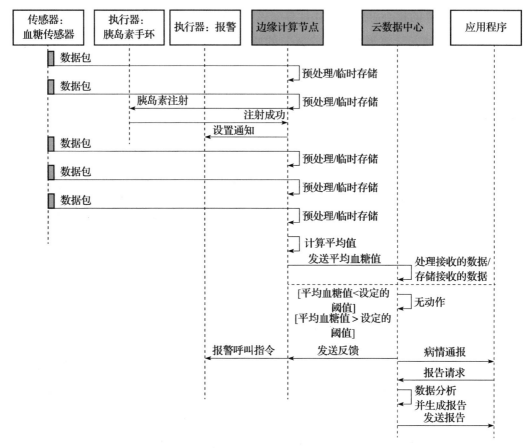

图 3-17　边缘云与云数据中心协同工作示意图

第一步，胰岛素手环以较短的时间间隔（如每分钟一次）测量和传输患者的血糖值。如果患者的血糖值高于预先设定的阈值（假设为 400mg/dl），手环立即向附近的边缘计算节点发送实时的血糖数据。

第二步，边缘计算节点对数据进行预处理，临时存储血糖数据，并向手环的执行器发出注射胰岛素的指令。执行器完成胰岛素注射之后，向边缘计算节点返回注射成功的应答；边缘计算节点接收到执行器的应答之后，向执行器发出设置报警通知的指令。

第三步，手环的血糖传感器连续将患者在注射胰岛素之后的血糖值向边缘计算节点报告。边缘计算节点计算患者注射胰岛素之后的血糖平均值，然后向远端的云数据中心发送患者的血糖平均值。

第四步，云数据中心对接收到的患者血糖平均值进行分析、处理与存储。如果血糖平均值超过预先设定的血糖平均值，云数据中心向边缘计算节点发出反馈，边缘计算节点向执行器发出什么情况下需要报警的指令。

第五步，云数据中心同时将患者病情变化通报给急救中心；急救中心的医生通过应用程序向云数据中心发出报告请求；云数据中心进行数据分析之后生成报告并将其发送到应用程序，由医生决定是否需要由急救中心做进一步的治疗。

胰岛素手环可以 7×24 小时无间断地监控慢性病患者的健康状况；执行器可以从靠近手环的边缘云获得执行指令，及时对患者进行救治；云数据中心根据边缘计算节点计算和报告的血糖平均值进行分析，并生成报告。整个过程由连续的、实时的分工协作完成，可以有效地对慢性病患者进行及时的救助。

在这个过程中，边缘计算节点的作用是连续监控与实时、快速分析患者血糖参数，出现紧急情况立即进行处理，同时将患者的血糖数值以及紧急救护结果传送到远端的云数据中心；云数据中心接收、存储传送来的数据，利用糖尿病专家系统对患者的血糖数值进行分析，根据平均血糖值大于或小于设定的血糖阈值来向边缘计算节点发出反馈指令；边缘计算节点向执行器发出什么情况下需要发出报警的指令。同时云平台将与急救中心应用程序协作，云数据中心生成数据分析与紧急处置情况报告并将其传送到急救中心，由急救中心医生做进一步的处理。

从以上的边缘计算应用实例可以得出两个结论。

- 边缘计算与云计算各有所长。云计算适用于全局性、非实时、长周期的大数据处理与分析，能够在长周期维护、业务决策支撑等领域发挥优势；边缘计算更适用于局部性、实时、短周期数据的处理与分析，能更好地支撑本地业务的实时智能化决策与执行。
- 边缘计算与云计算之间不是替代关系，而是互补协同关系，"边 – 云协同"将放大边缘计算与云计算的应用价值。边缘计算靠近执行单元，更是云端所需高价值数据的采集和初步处理单元，可以更好地支撑云端应用；反之，云计算通过大数据分析优化输出的业务规则或模型可以下发到边缘侧，边缘计算基于新的业务规则或模型运行。

3.4　5G 技术

5G 是推动下一代移动通信技术发展的核心技术，5G 能够提供超高移动性、超低延时与超高密度连接，为 AIoT 的发展提供重要的技术保障。

3.4.1 AIoT 对 5G 技术的需求

AIoT 将成为 5G 技术研究与发展的重要推动力，同时 5G 技术的成熟和应用也将使很多 AIoT 应用的带宽、可靠性与延时的瓶颈问题得到解决。我们从以下两个方面认识 5G 与 AIoT 的关系。

1. AIoT 终端设备大规模部署的需要

随着 AIoT 人与物、物与物互联范围的扩大，智能家居、智能工业、智能环保、智能医疗、智能交通应用的发展，数以亿计的感知与控制设备、智能机器人、可穿戴计算设备、智能网联汽车、无人机接入 AIoT。根据 GSMA 的预测，随着 AIoT 规模的超常规发展，到 2030 年接入 AIoT 的设备数量将是 2020 年的 14 倍。很多高带宽的 AIoT 应用带动了流量消耗，刺激了对网络高带宽的需求。同时，大量的 AIoT 终端需要部署在广阔的地区，以及山区、森林、水域等偏僻区域，有很多 AIoT 感知与控制节点密集部署在大楼内部、地下室、地铁与隧道中，4G 已经远远不能满足 AIoT 的应用需求。

2. AIoT 实时性应用的需要

AIoT 涵盖智能工业、智能农业、智能交通、智能医疗与智能电网等各个行业，业务类型多、业务需求差异性大。尤其是在智能工业的工业机器人与工业控制系统中，节点之间的感知数据与控制指令传输必须保证是正确的，延时必须控制在毫秒量级，否则就会造成工业生产事故。智能网联汽车与智能交通控制中心之间的感知数据与控制指令传输，尤其强调准确性，且延时必须控制在毫秒量级，否则就会造成车毁人亡的重大交通事故。

AIoT 应用系统中普遍会用到虚拟现实 / 增强现实（VR/AR）技术。VR/AR 要求移动通信网络的峰值速率达到 20Gbit/s、用户体验速率要达到 100Mbit/s，延时要小于 5 ～ 7ms，延时抖动要小于 50ms。这些指标 4G 网络都很难达到。因此，AIoT 对超低延时、超高带宽、超高可靠性要求的应用对 5G 的需求格外强烈。

3.4.2 5G 的技术指标

5G 未来典型的应用场景是人们的居住、工作、休闲与交通区域，特别是人口密集的居住区、办公区、体育场、晚会现场、地铁、高速公路、高铁等。这些地区存在着超高流量密度、超高接入密度、超高移动性，这些都对 5G 网络性能有较高的要求。为了满足用户要求，5G 研发的技术指标包括用户体验速率、流量密度、连接数密度、端 – 端延时、移动性与用户峰值速率等。ITU 定义的 5G 关键性能指标如表 3-3 所示。

表 3-3　ITU 定义的 5G 关键性能指标

名称	定义	ITU 指标
峰值速率	在理想条件下，用户能获得的最大数据传输速率	20Gbit/s
用户体验速率	在实际网络负荷下，用户普遍可获得的最小数据传输速率	100Mbit/s
延时	包括空口延时与端 – 端延时，这里是指空口延时	1ms
移动性	在特定场景中，用户可获得体验速率的最大移动速度	500km/h
流量密度	单位地理面积上可达到的总数据吞吐量	10Mbps/m^2
连接数密度	单位地理面积上可支持的在线设备数量	100 000 个 /km^2
能效	单位能耗下可达到的数据吞吐量	4G 的 100 倍
频谱效率	单位频谱资源上可达到的数据吞吐量	4G 的 3 倍

（1）峰值速率（Peak Data Rate）

峰值速率是指在理想信道条件下，单用户所能达到的最大速率，单位为 bit/s。5G 的峰值速率一般情况下为 10Gbit/s，特定条件下能够达到 20Gbit/s。

（2）用户体验速率（User Experienced Data Rate）

用户体验速率是指在实际网络负荷下，用户普遍可获得的最小数据传输速率，单位是 bit/s。5G 首次将用户体验速率作为衡量移动通信网的核心指标。在实际的网络使用中，用户体验速率与无线环境、接入设备数、用户位置等因素相关，通常采用 95% 比例统计方法来进行评估。在不同的应用场景下，5G 支持不同的用户体验速率，在广域覆盖场景中希望能达到 100Mbit/s，在热点区域中希望能达到 1Gbit/s。

（3）延时（Latency）

延时可以分为两类：空口延时与端 – 端延时。其中，空口延时是指移动终端与基站之间无线信道传输数据经历的时间；端 – 端延时是指移动终端之间传输数据经历的时间，其中包含空口延时。延时可以用往返传输时间（RTT）或单向传输时间（OTT）来衡量。5G 的空口延时要求低于 1ms。

（4）移动性（Mobility）

移动性是指在满足特定的 QoS 与无缝移动切换条件下可支持的最大移动速率。移动性指标是针对地铁、高铁、高速公路等特殊场景，单位为 km/h。在特定的移动场景中，5G 允许用户最大的移动速度为 500km/h。

（5）流量密度（Area Traffic Capacity）

流量密度是指在网络忙碌的状态下，单位地理面积上可达到的总数据吞吐量，单位是 bps/km²。流量密度是衡量典型区域覆盖范围内数据传输能力的重要指标，如大型体育场、露天会场等局部热点区域的覆盖需求，具体与网络拓扑、用户分布、传输模型等密切相关。5G 的流量密度要求达到每平方千米几十 Tbps。

（6）连接数密度（Connection Density）

连接数密度是指单位面积上可支持的在线终端的总和。在线是指终端正以特定的 QoS 进行通信，一般可用每平方千米的在线终端个数来衡量连接数密度。5G 连接数密度为每平方千米可以支持 100 万个在线设备。

为了使读者能够直观地体验 5G 技术的优越性，电信业界的研究人员给出了如表 3-4 所示对 5G 关键指标感性认知的描述。

表 3-4　从用户角度对 5G 关键指标的感性认知

名称	ITU 指标	感性认知
峰值速率	20Gbit/s	在单用户理想情况下，1 秒钟可下载 2.5GB 的视频
用户体验速率	100Mbit/s	用户可随时随地体验 4G 峰值速率；标清视频、高清视频、4K 超高清视频所占带宽分别为 1Mbit/s、4Mbit/s、50Mbit/s，5G 网络可提供足够高的用户体验速率
空口延时	1ms	在普通场景中，如果电影画面以 24fps 的速率播放，相当于延时 41.6s，人的视觉感受流畅；如果声音超前或滞后画面小于 40ms，人不会感到声音与画面不同步。在移动场景中，如果汽车以 60km/h 的速度行驶，1ms 延时带来的刹车距离为 17m
移动性	500km/h	国内已投入运营的高铁的最高时速为 350km/h，5G 网络可支持用户在高铁行驶中所有应用场景下的通信需求
连接数密度	100 000 个 /km²	2014 年，深圳人口总数为 1077.89 万，面积为 1996.85 平方千米，人口密度为每平方千米 5398 人，这是国内人口密度最高的城市。在这种人口密度下，5G 网络可支持平均每人接入 18.5 个终端设备

3.4.3　5G 的三大应用场景

5G 的三大应用场景是增强移动宽带通信、大规模机器类通信与超可靠低延时通信。根据 5G 业务的性能需求与信息交互对象，ITU 进一步给出了 5G 的主要应用（如图 3-18 所示）。

1. 增强移动宽带通信

使用 3G/4G 移动系统的主要驱动力来自移动带宽，对于 5G 来说，移动带宽仍然是最重要的应用场景。不断增长的新的应用和新的需求对增强移动带宽提出了更高的要求。5G 增强移动宽带（enhance Mobile Broadband，eMBB）通信可以满足未来的移动互联网应用的业务需求。

图 3-18 ITU-R 5G 的主要应用

IMT-2020 推进组进一步将 eMBB 场景划分为连续广覆盖场景和热点高容量场景。连续广覆盖场景是移动通信最基本的覆盖方式，主要为用户提供高体验速率，着眼于移动性、无缝用户体验；热点高容量场景主要满足局部热点区域用户高速数据传输的需求，着眼于高速率、高用户密度和高容量。

在 eMBB 应用场景中，除了要关注传统的移动通信系统的峰值速率指标之外，5G 技术还需要解决新的性能需求。在连续广覆盖场景中，需要保证高速移动环境下良好的用户体验速率；在高密度高容量场景中，需要保证热点覆盖区域用户 Gbps 量级的高速体验速率。增强移动宽带通信主要针对以人为中心的通信。

2. 大规模机器类通信

大规模机器类通信是 5G 新拓展的应用场景之一，涵盖以人为中心的通信和以机器为中心的通信。

大规模机器类通信（massive Machine Type of Communication，mMTC）关注的是系统可连接的设备数量、覆盖范围、网络能耗和终端部署成本。以机器为中心的通信主要面向智慧城市、环境监测、智慧农业等应用，为海量、小数据包、低成本、低功耗的设备提供有效的连接方式，并提供对网络安全要求很高的车辆间的通信、工业设备的无线控制、远程手术、智能电网中的分布式控制。

3. 超可靠低延时通信

超高可靠性低延时通信（ultra-Reliable Low Latency Communication，uRLLC）是以机器为中心的应用，主要为了满足车联网、工业控制、移动医疗等行业的特殊应用对超高可靠、超低延时通信场景的需求。其中，超低延时指标极为重要，例如在车联网中，当传感器监测到危险时，若消息传送的端 – 端延时过长，则极有可能造成车辆不能及时做出制动等动作，从而导致重大交通事故。

5G 网络作为面向 2020 年之后的技术，需要满足移动宽带、移动互联网以及其他超可靠通信的要求，同时它也是一个智能化的网络。5G 网络具有自检修、自配置与自管理的能力。5G 的技术指标与智能化程度远远超过了 4G，很多对带宽、延时与可靠性有高要求的移动互联网应用在 4G 网络中无法实现，但是在 5G 网络中就可以实现。5G 技术的应用将大大推动"万物互联"的发展。

3.4.4　6G 发展愿景

如果说 5G 能够实现"万物互联"的局面，那么 6G 将开启更高层次的"万物智联"的新局面。6G 研究的初衷是为了满足 2030 年将要出现的 AIoT 全新应用场景。5G 与 6G 性能指标的对比如表 3-5 所示。

表 3-5　5G 与 6G 性能指标的对比

名称	5G 性能指标（ITU）	6G 性能指标
峰值速率	10Gbit/s ～ 20Gbit/s	1Tbit/s
用户体验速率	100Mbit/s	10Gbit/s ～ 100Gbit/s
连接密度	一百万 / 平方千米	几百万 / 平方千米
流量密度	10Mbit/（s·km²）	1Gbit/（s·m²）
空口延时	1ms	0.1ms，延时抖动小于 ±01μs
移动性	500km/h	1000km/h
可靠性	99.999%	99.999 99%
定位精度	未定义	室内 1cm，室外 50cm
感知精度与分辨率	未定义	室内 1cm，室外 1mm
覆盖能力	未定义	空天地海的无缝立体覆盖
网络智慧等级	未定义	原生 AI 支持
网络安全等级	未定义	原生可信

由于 6G 极大地提高了网络性能，增强了智能与感知能力，网络覆盖从以地面

为主延伸到陆海空天，因此将会创造大量新的应用。ITU-R 研究人员预测了 6G 的以下六种潜在应用场景。

1. 以人为中心的沉浸式通信

未来的智能人机交互将从虚拟现实 / 增强现实（VR/AR）向混合现实 / 扩展现实（MR/XR）与全息三维显示方向发展，以人为中心的沉浸式深度交互体验，使得显示分辨率推向人眼可辨的极限，这就要求网络传输速率达到 Tbit/s 量级，目前的 5G 网络未能达到这一水平。为了在远程操作时，获取实时触觉反馈并避免头晕、疲劳等情况，极低的 μs 量级端 – 端延时是逼近人类感官极限的另一个关键需求。

2. 感知、定位与成像

6G 采用更高的太赫兹和毫米波频段，除了能够为移动通信提供更高的带宽之外，还能提供感知、成像与定位功能，从而可以产生多种新的增值应用，如高精度定位、快速移动导航、手势与姿态识别、地图匹配、图像重构等。与无线通信相比，感知、定位与成像功能在不同的应用场景中，对距离、角度、速度、位置的精度和分辨率的要求也不一样，同时提出了相关的性能指标，如检测概率和虚警概率等。

3. 工业 4.0 及其演进

虽然 5G 有低延时与高可靠性的设计指标，但是像部分场景（如精确运动控制）的要求，5G 已经无法满足。6G 基于超高可靠、极低延时的通信能力，能够满足超低延时、超高可靠性等应用场景的要求。面对越来越多的 AI 新型人机交互方法，以及未来的自动化制造系统将以协作机器人为主的局面，5G 已经无法适应工业 4.0 及更高的应用需求。

4. 智慧城市与智慧生活

交通、环保、安防、医疗、健康、城市、楼宇、工厂等领域，以及智能网联汽车、无人机等应用，都需要部署海量传感器。这些传感器采集的大量数据，需要用 AI 算法进行处理，进而为科学决策提供服务。数字孪生城市会使今后的城市规划、建设与管理更科学、更合理、更具人性化，同时数字孪生城市要求通信网络提供超高的带宽、接入密度、流量密度，无处不在的覆盖范围，以及超低延时，这些 5G 已经难以应对，需要依靠 6G 网络提供服务。

5. 移动服务全球覆盖

为了在全球任何地点提供无缝移动服务，6G 需要实现地面与非地面通信的一体化。在这种一体化的系统中，一个移动用户只需一台设备就可以在城市和乡村，甚至在飞机和船舶上无缝使用移动宽带业务。这些场景中，能够在不中断业务的前提下对地面与非地面网络的最优链路进行动态优化。一体化的无缝高精度导航也让自驾爱好者面对任何地形都能获得良好的驾驶体验。其他潜在应用场景还包括实时环境保护和精准农业作业，6G 会为这些场景提供广泛的 AIoT 连接。

6. 分布式机器学习与互联 AI

由于 6G 设计贯彻两项原则，一是"面向网络的 AI"设计，另一个是"面向 AI 的网络"设计，因此一方面，AI 可以作为一项增强能力集成到 6G 的大部分功能与特性中，另一方面，几乎所有 6G 应用都是基于 AI 的。

随着 5G 技术的逐渐落地，AIoT 开始了"万物互联"的征程，期待 6G 使 AIoT 开创向"万物智联"迈进的新的发展阶段。

3.5 基于 IP 的核心交换网

3.5.1 核心交换网与 IP

IP 的基本概念

AIoT 核心交换网主要使用的是网络层 IP。网络层的功能主要是通过路由选择算法，为 IP 分组从源节点到目的节点选择一条合适的传输路径，为传输层提供"端 – 端"分组数据传输服务。

描述 IPv4 协议的最早文档 RFC 791 出现在 1981 年，那时互联网的规模很小，计算机网络主要用于科研与部分参与研究的大学，在这样的背景下产生的 IPv4 协议，不可能适应以后互联网规模的扩大和应用范围的扩张，对其进行修改和完善是必然的。随着互联网规模的扩大和应用的深入，作为互联网核心协议之一的 IPv4、IPv6 协议也一直处于不断补充和完善的过程，但是 IP 的核心内容一直没有发生实质性变化。实践证明，IP 是健壮和易于实现的，并且具有很好的可操作性。IP 已经经受了从一个小型的科研网络发展到如此之大的全球性网际网的考验，这些都说明 IP 的设计是成功的。在 AIoT 核心交换网中沿用 IP 也是必然的。

2011 年，国际 IP 地址管理部门宣布：在 2011 年 2 月 3 日的美国迈阿密会议上，最后 5 块 IPv4 地址被分配给全球 5 大区域互联网注册机构之后，IPv4 地址已全部分配完毕。现实让人们深刻地认识到：IPv4 向 IPv6 的过渡已经迫在眉睫。

对于 AIoT 来说，IPv6 协议重要的意义是 IPv6 有着巨大的地址空间。IPv6 协议的地址长度定为 128 位，可以提供超过 3.4×10^{38} 个 IP 地址。如果用十进制数写出来可能有的 IPv6 地址，则可以有 340 282 366 920 938 463 463 374 607 431 768 211 456 个地址。人们经常用地球表面每平方米平均可以获得多少个 IP 地址来形容 IPv6 的地址数量之多，如果地球表面面积按 5.11×10^{14} 平方米计算，则地球表面每平方米平均可以获得的 IP 地址数为 665 570 793 348 866 943 898 599（即 6.65×10^{23}）个。这样，今后各类 AIoT 终端设备（如传感器、执行器、智能手机、可穿戴计算设备、智能机器人、智能网联汽车、智能家电、工业控制设备等）都可以获得 IP 地址，接入 AIoT 的设备数量将可以不受限制。

3.5.2　AIoT 核心交换网的组网方法

设计和组建 AIoT 核心交换网的基本方法可以分为两种：第一种是自主组建独立的 AIoT 核心交换网，第二种是租用现有的公共数据网 PDN，采用虚拟专网 VPN 技术组建 AIoT 核心交换网。

第一种独立组建 AIoT 核心交换网的方案需要自己铺设或租赁光缆、购买路由器，并招聘专职的网络工程师维护专网系统。第二种方案是在公共数据网络 PDN 之上，采用租用链路，用 VPN 技术来组建与公网用户隔离的 AIoT 虚拟专网。由于这种 VPN 是在 PDN 基础上组建的，因此它是一种"覆盖网"（overnet）。显然，第一种方案的造价太高；第二种方案的造价低，但是网络的安全性受到质疑。任何网络系统的建设必须考虑造价和安全性之间的平衡。除了政府大型电子政务网，以及一些对安全性要求极高的企事业大型 AIoT 应用系统，如智能电网、智能交通、智能医疗与智能工业的核心交换网采用独立建网的方案之外，其他投资受限的 AIoT 应用系统会采用 VPN 的方式组建核心交换网。

随着互联网、移动互联网与 AIoT 的发展，网络规模、覆盖的地理范围、应用的领域、应用软件的种类、接入网络的端系统类型都在快速发展。传统网络技术的不适应性逐渐显露出来。这种不适应具体表现在网络体系结构、计算模式、管理方法与硬件设备等几个方面。

传统互联网结构设计采用"分布控制、协同工作"的设计思路；网络设备采用"软硬一体"的"黑盒子"结构（如图 3-19 所示）。这种固定结构的网络设备，极大地限制了网络功能的添加、协议的更新与网络应用的创新。

图 3-19   传统的路由器与其他网络硬件设备

随着 AIoT 接入对象从"人"扩大到"物""智",联网智能终端设备的规模从以亿计增长到以十亿、百亿计;访问网络从固定方式向移动方式转变;应用从为"人与人"之间的信息共享、交互,扩大到"人与物""物与物"之间的智能交互与智能控制;网络应用的复杂程度不断提升,网络管理、故障诊断、QoS、网络安全等问题变得更加复杂。传统网络设备的功能与支持的协议相对固定,缺乏灵活性,使得网络新功能、新协议的试验与标准化的过程变长,新的网络设备的研发一定要经历漫长的等待过程,网络设备漫长的研发过程与网络应用快速增长之间的矛盾,导致网络服务水平永远滞后于网络应用的发展。

3.5.3   软件定义网络与网络功能虚拟化

传统网络的体系结构、计算模式、管理方法与硬件设备的不适应性推动了软件定义网络(Software Defined Network,SDN)与网络功能虚拟化(Network Functions Virtualization,NFV)研究的发展。

1. SDN 的基本概念

2007 年,美国斯坦福大学的研究人员在"重塑互联网"(Reinvent the Internet)的研究中提出了软件定义网络(SDN)的概念。2009 年,*MIT Technology Review* 将 SDN 评为年度十大前沿技术之一。

"SDN 源于高校,兴于 Google 的流量工程。"2012 年,Google 公司宣布已在全球 12 个数据中心之间的主干网 G-scale 上全面部署 SDN 协议,采用流量工程与优化调度,通过定制的交换机、多控制器,使得主干网的链路利用率从 30% 提高到 95%。Google 的实践引起了网络运营商与设备制造商对 SDN 技术的兴趣。

理解 SDN 的核心概念需要注意以下两点：

- SDN 不是一种协议，而是一种开放的网络体系结构。SDN 吸取了计算模式从封闭、集成、专用的系统进化为开放系统的经验，通过将传统封闭的网络设备中数据平面与控制平面分离，实现网络硬件与控制软件分离，制定开放的标准接口，允许网络软件开发者与网络管理员通过编程去控制网络，将传统的专用网络设备变为可通过编程定义的标准化通用网络设备。

- SDN 的核心是网络可编程性。编程人员只要掌握网络控制器 API 的编程方法，就可以写出控制各种网络设备（如路由器、交换机、网关、防火墙、服务器、无线基站）的程序，而无须知道各种网络设备配置命令的具体语法、语义；控制器负责将 API 程序转化为指令去控制各种网络设备。新的网络应用也可以方便地通过 API 程序被添加到网络中。开放的 SDN 体系结构将网络变得通用、灵活、安全和支持创新。

因此，SDN 的特点可以总结为：开放的体系结构、控制与转发分离、硬件与软件分离、服务与网络分离、接口标准化、网络可编程。

2. NFV 的基本概念

传统的专用、封闭的网络设备主要包括路由器、交换机、无线接入设备、防火墙、入侵检测系统 / 入侵防护系统（IDS/IPS）、网络地址转换器、代理服务器、CDN 服务器、网关等。NFV 中的独立软件厂商能够在标准的服务器、存储器、Ethernet 交换机之上，开发协同、自动与远程部署的网络功能软件，构成开放与统一的平台。这样，硬件与软件可以分离，根据用户的需求灵活配置每个应用程序的处理能力。

NFV 利用虚拟化技术将现有网络设备功能整合到标准的服务器、存储器与交换机等设备，以软件形式实现网络功能，取代目前网络中使用的专用、封闭的网络设备。NFV 的设想如图 3-20 所示。

SDN/NFV 技术必将引起 AIoT 网络体系结构与组网方法、网络设备研发、网络设备功能与性能的重大变化。随着 5G 的快速发展，传统电信网络的转型升级与网络重构已迫在眉睫，国内三大电信运营商（中国电信、中国移动和中国联通）基于 SDN/NFV 与云计算技术，分别制定了网络重构的战略目标，以适应 AIoT 发展的需求。

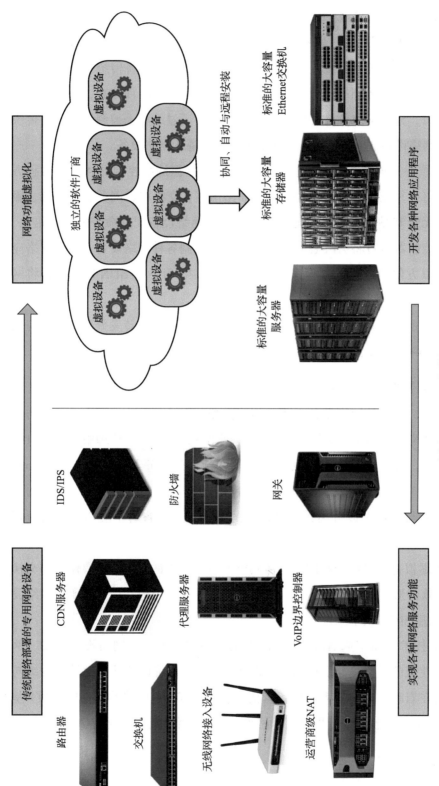

图 3-20 NFV 的设想

3.6　云计算技术

3.6.1　云计算的基本概念

云计算是 AIoT 应用系统的应用服务层与应用层软件的运行平台，因此了解云计算的基本概念与特点，对于理解应用服务层与应用层软件的工作模式至关重要。

云计算并不是一个全新的概念。早在 1961 年，计算机先驱 John McCarthy 就预言："未来的计算资源能像公共设施（如水、电）一样被使用。"为了实现这个目标，在之后的几十年里，学术界和产业界陆续提出了集群计算、网格计算、服务计算等技术，而云计算正是在这些技术的基础上发展而来的。云计算采用计算机集群构成数据中心，并以服务的形式交付给用户，使得用户可以像使用水、电一样按需购买云计算资源。因此，云计算是一种计算模式，它将计算与存储资源、软件与应用作为"服务"通过网络提供给用户（如图 3-21 所示）。

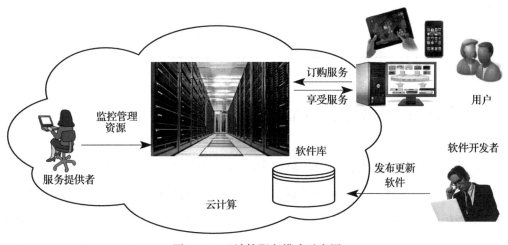

图 3-21　云计算服务模式示意图

云计算对于 AIoT 应用系统的开发是非常有价值的一种服务方式。一个 AIoT 应用系统被开发出来之后，用户不需要自己搭建网络与计算环境，而是去租用云服务。用户完成一项计算需要 24 个 CPU、240GB 内存，用户可以将需求提交给云，云就从资源池中将这些资源分配给用户，用户连接到云并使用这些资源。当完成计算任务之后，这些资源将被释放出来，以分配给其他用户使用。系统开发者可以在云计算平台上快速部署、运行 AIoT 应用系统。

3.6.2　云计算的基本特征

产业界对云的定义中提出的"五种基本特征、三种服务模式、四种部署方法"如图 3-22 所示。

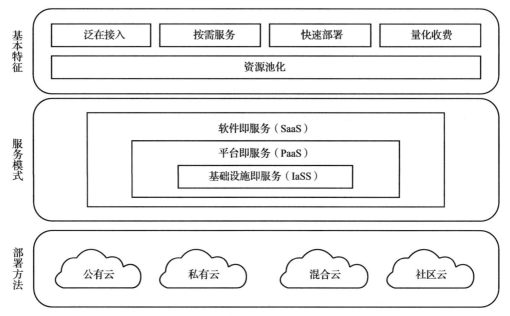

图 3-22　云计算的特征、服务模式与部署方法示意图

云计算的特征主要表现在以下几个方面。

（1）泛在接入

云计算中心规模庞大，一般的数据中心通常拥有数十台服务器，一些企业的私有云也会有几百台或上千台的服务器。云计算作为一种利用网络技术实现的随时随地、按需访问、共享计算／存储／软件资源的计算模式，用户的各种终端设备（例如 PC、笔记本、智能手机、可穿戴计算设备、智能机器人和各种移动终端设备）都可以作为云终端，随时随地访问"云"。所有资源都可以从资源池中获得，而不是直接从物理资源中获取。

（2）按需服务

云计算可根据用户的实际计算量与数据存储量，自动分配 CPU 数量与存储空间大小，伸缩自如，弹性扩展，可快速部署和释放资源，可避免由于服务器性能过载或冗余而导致服务质量下降或资源浪费。用户可以自主管理分配给自己的资源，而不需要人工参与。云服务通常依据服务水平协议中签订的条款，来约定云服务提供商与云用户之间的服务质量（如云计算的可用性、可靠性与性能），以及云服务限制等内容。

（3）快速部署

云计算不针对某些特定类型的网络应用，并且能同时运行多种不同的应用。在"云"的支持下，用户可以方便地开发各种应用软件，组建自己的网络应用系统，做到快速、弹性地使用资源和部署业务。

（4）量化收费

云计算可监控用户使用的计算、存储等资源，并根据资源的使用量进行计费。用户无须在业务扩大时不断购置服务器、存储器设备并增大网络带宽，无须专门招聘网络、计算机与应用软件开发人员，无须花很大的精力在数据中心的运维上，从整体上能降低应用系统开发、运行与维护的成本。同时，"云"采用数据多副本备份、节点可替换等方法，极大地提高了应用系统的可靠性。

（5）资源池化

云计算能够通过虚拟化技术将分布在不同地理位置的资源整合成逻辑上统一的共享资源池。虚拟化技术屏蔽了底层资源的差异性，实现了统一调度和部署所有的资源。云计算操作系统管理着一组包括计算、存储、网络，以及应用软件、服务资源，按需提供给用户。对于使用资源的用户来说，云计算基础设施对于用户是透明的，用户不必关心基础设施所在的具体位置。

因此，云计算是一种新的计算模式，也是一种新的网络服务模式、网络资源管理模式与商业运作模式。

3.6.3　云计算服务的类型

云计算提供的服务可以分为三种模式：IaaS、PaaS、SaaS。

（1）IaaS 的特点

如果用户不想购买服务器，仅仅通过互联网租用"云"中的虚拟主机、存储空间与网络带宽，那么这种服务方式体现了"基础设施即服务"（Infrastructure as a Service，IaaS）的特点。

在 IaaS 应用模式中，用户可以访问云端底层的基础设施资源。IaaS 提供网络、存储、服务器和虚拟机资源。用户在此基础上部署和运行自己的操作系统与应用软件，实现计算、存储、内容分发、备份与恢复等功能。

在这种模式中，用户自己负责应用软件开发与应用系统的运行和管理，云服务提供商仅负责云基础设施的运行和管理。

（2）PaaS 的特点

如果用户不但租用"云"中的虚拟主机、存储空间与网络带宽，而且利用云服务提供商的操作系统、数据库系统、应用程序接口（API）来开发网络应用系统，那么这种服务方式体现出"平台即服务"（Platform as a Service，PaaS）的特点

PaaS 服务比 IaaS 服务更进一步，它以平台的方式为用户提供服务。PaaS 提供用于构建应用软件的模块，以及包括编程语言、运行环境与部署应用的开发工具。PaaS 可作为开发大数据服务系统、智能商务应用系统，以及可扩展的数据库、Web 应用的通用应用开发平台。

在这种模式下，用户负责应用软件开发与应用系统的运行和管理，云服务提供商负责云基础设施与云平台的运行和管理。

（3）SaaS 的特点

如果更进一步，用户直接在"云"中定制软件上部署网络应用系统，那么这种服务方式体现出"软件即服务"（Software as a Service，SaaS）的特点。

在 SaaS 应用中，云服务提供商负责云基础设施、云平台与云应用软件的运行与管理。SaaS 实际上是将用户熟悉的 Web 服务方式扩展到云端。用户与企业无须购买软件产品的客户端与服务器端的许可权。云服务提供商除了负责云基础设施与云平台的运行和管理之外，还需要为用户定制应用软件。用户可直接在云上部署互联网应用系统，不需要在自己的计算机上安装软件副本，仅需通过 Web 浏览器、移动App 或轻量级客户端来访问云，就能够方便地开展自身的业务。

如果将一个互联网应用系统的功能与管理职责从顶向下划分为应用、数据、运行、中间件、操作系统、虚拟化、服务器、存储器与网络等 9 个层次，则在采用IaaS、PaaS 或 SaaS 的服务模式中，用户与云服务提供商的职责划分如图 3-23 所示。

在 IaaS 服务模式中，云计算基础设施（虚拟化、网络、存储器、服务器）由云服务提供商负责运行和管理，而应用软件需要由用户自己开发，运行在操作系统上的软件、数据与中间件也需要由用户自己运行和管理。

在 PaaS 服务模式中，云计算基础设施与云平台（由操作系统中间件构成）由云服务提供商运行和管理，用户仅需管理自己开发的应用软件与数据。

在 SaaS 服务模式中，应用软件由云服务提供商根据用户需求定制，云计算基础设施、云平台以及应用软件都由云服务提供商运行和管理。用户只要将自己的注意力放在网络应用系统的部署、推广与应用上。用户与云服务提供商分工明确，各司

其职，用户专注于应用系统，云服务提供商为用户的应用系统提供专业化的运行、维护与管理。

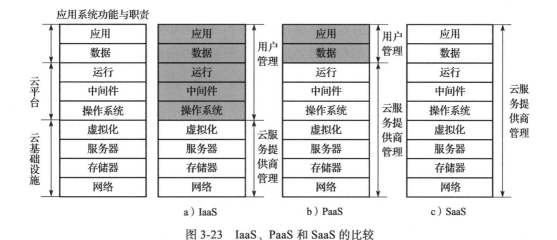

图 3-23　IaaS、PaaS 和 SaaS 的比较

显然，IaaS 只涉及租用硬件，它是一种基础性的服务；PaaS 在租用硬件的基础上，发展到租用一个特定的操作系统与应用程序，自己进行网络应用软件的开发；而 SaaS 则是在云端提供的定制软件上，直接部署自己的 AIoT 应用系统。

3.6.4　云计算的部署模型

云计算的部署模型包括四种基本类型：公有云、私有云、混合云与社区云。

（1）公有云（public cloud）

公有云是属于社会共享资源服务性质的云计算系统，"云"中的资源开放给社会公众或某个大型行业团体使用，用户可通过网络免费或以低廉的价格使用资源。

公有云大致可以分为：

- 传统电信运营商（包括中国移动、中国联通与中国电信等）建设的公有云；
- 政府、大学或企业建设的公有云；
- 大型互联网公司建设的公有云。

（2）私有云（private cloud）

私有云是一个单一的组织或机构在其内部组建、运行与管理，内部员工可通过内部网或 VPN 访问的云计算系统。私有云由其拥有者管理或委托第三方管理，云数据中心可以建在机构内部或外部。

组建私有云的目标是在保证云计算安全性的前提下，为企事业单位专用的网络信息系统提供云计算服务。私有云管理者对用户访问云端的数据、运行的应用软件有严格的控制措施。各个城市电子政务中的政务云、公安云、电力云都是典型的私有云。

（3）社区云（community cloud）

社区云具有公有云与私有云的双重特征。与私有云的相似之处是社区云的访问受到一定的限制；与公有云的相似之处是社区云的资源专门给固定的单位内部用户使用，这些单位对云端具有相同的需求，如资源、功能、安全、管理要求。医疗云是一种典型的社区云。

社区云由参与的机构管理或委托第三方来管理，云数据中心可以建在这些机构内部或外部，所产生的费用由参与的机构分摊。

（4）混合云（hybrid cloud）

混合云由公有云、私有云、社区云中的两种或两种以上构成，其中每个实体都是独立运行的，同时能够通过标准接口或专用技术，实现不同云计算系统之间的平滑衔接。混合云通常用于描述非云化数据中心与云服务提供商的互联。

在混合云中，企业敏感数据与应用可部署在私有云中；非敏感数据与应用可部署在公有云中；行业间相互协作的数据与应用可部署在社区云中。当私有云资源短暂性需求过大时，例如网站在节假日期间点击量过大，可自动租赁公有云资源来平抑私有云资源的需求峰值。因此，混合云结合了公有云、私有云与社区云的优点，它是一种受到企业广泛重视的云计算部署方式。

从以上讨论中可以看出，云计算是支撑 AIoT 发展的重要信息基础设施。

3.7 大数据技术

3.7.1 大数据技术的基本概念

如果我们将互联网、移动互联网所产生的数据的快速增长看作一次数据"爆炸"的话，那么 AIoT 所引起的是数据的"超级大爆炸"。AIoT 中大量的传感器、执行器与 RFID 标签每时每刻都在产生海量感知信息，智能工业、智能农业、智能交通、智能电网、智能医疗、智能物流、智慧环保、智能家居等智慧城市的各种应用与服务，是造成数据"超级大爆炸"的重要原因。随着在商业、金融、银行、医疗、环保与制造业领域大数据分析基础上，获取的重要知识衍生出很多有价值的新产品与新服务，人们逐渐认识到"大数据"的重要性。2008 年之前，我们一般将这种大数据量的数据集称为"海量数据"。2008 年，*Nature* 杂志出版了一期专刊，专门讨论未来大数据处理中的挑战性问题，提出了"大数据"（Big Data）的概念。

我们在学习计算机知识时，熟悉计算机处理数据的二进制中位（bit）的概念，知道计算机储存数据的基本单元是字节（byte）。在使用计算机写作业和上网时，知道一张纸上的文字大约需要占用 5KB 的存储空间，下载一首歌曲大约需要占用 4MB 的存储空间，下载一部电影大约需要占用 1GB 的存储空间。这些我们都已经很熟悉了。随着海量数据的出现，数据单位也在不断发展。为了客观地描述信息世界数据的规模，科学家定义了一些新的数据量单位。表 3-6 给出了数据量的单位及其换算关系。

表 3-6　数据量单位及其换算关系

单位	英文标识	单位标识	大小	含义与例子
位	bit	b	0 或 1	计算机处理数据的二进制数
字节	byte	B	8 位	计算机存储数据的基本物理单元，一个英文字母用 1B 表示，一个汉字用 2B 表示
千字节	KiloByte	KB	1024 字节或 2^{10} 字节	一张纸上的文字约为 5KB
兆字节	MegaByte	MB	2^{20} 字节	一首普通的 MP3 格式的歌曲约为 4MB
吉字节	GigaByte	GB	2^{30} 字节	一部电影大约是 1GB
太字节	TeraByte	TB	2^{40} 字节	美国国会图书馆所有书籍的信息量约为 15TB，截至 2011 年年底，其网络备份数据量为 280TB，之后每个月以 5TB 的速度增长
拍字节	PetaByte	PB	2^{50} 字节	NASA EOS 对地观测系统 3 年观测的数据量约为 1PB
艾字节	ExaByte	EB	2^{60} 字节	相当于 13 亿人每人一本 500 页的书的数据量总和
皆字节	ZetaByte	ZB	2^{70} 字节	截至 2010 年，人类拥有的信息量的总和约为 1.2ZB
佑字节	YottaByte	YB	2^{80} 字节	超出想象，1YB=1024ZB=1 208 925 819 614 629 174 706 176B
诺字节	NonaByte	NB	2^{90} 字节	超出想象
刀字节	DoggaByte	DB	2^{100} 字节	超出想象

我们以 YB 为例，给出不同单位之间的换算关系：

$$1YB = 1024ZB$$
$$= 1024 \times 1024EB$$
$$= 1024 \times 1024 \times 1024PB$$
$$= 1024 \times 1024 \times 1024 \times 1024TB$$
$$= 1024 \times 1024 \times 1024 \times 1024 \times 1024GB$$

3.7.2　大数据的特征

大数据并不是一个确切的概念。到底多大的数据是大数据，不同学科领域、不同行业的人会有不同的理解。目前比较典型的定义有两种。第一种是从技术能力角度给出的定义：大数据是指无法使用传统和常用的软件技术与工具在一定的时间内获取、管理和处理的数据集。第二种是从数据是新的生产要素的角度给出的定义：大数据是一种有大应用、大价值的数据资源。

对大数据人为的主观定义将随着技术的发展而变化，同时不同行业对大数据的量上的衡量标准也不相同。目前，不同行业比较一致的看法是数据量在几百 TB 到几十 PB 量级的数据集都可以叫作大数据。

数据量的大小并非判断大数据的唯一标准，判断某个数据是不是"大数据"，要看它是否具备"5V"的特征，如图 3-24 所示。

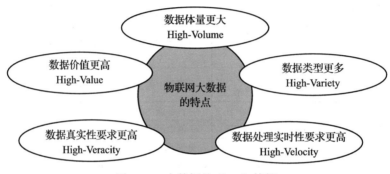

图 3-24　大数据的"5V"特征

在智能交通、智能环保、智能农业、智能医疗、智能物流等应用中，将有数百亿计的传感器、RFID 标签、视频探头、监控设备、用户终端设备接入 AIoT，它们所产生的数据量要远远大于互联网所产生的数据量，这就形成了 AIoT 大数据体量更大（High-Volume）的特点。智能医疗、智能电网、桥梁安全监控、水库安全监控、机场安全感知的参数差异很大，使用的传感器与执行器设备类型都不相同，这就形成了 AIoT 大数据数据类型更多（High-Variety）的特点。智能交通中无人驾驶汽车产生的数据出错、处理不及时或者处理结果出错，就有可能造成车毁人亡的后果；智能工业生产线上产生的数据出现错误、处理不及时或者处理结果出错，就有可能造成严重的生产安全事故；智能医疗中患者生理参数的测量数据出错、处理不及时或者处理结果出错，就有可能危及患者生命。因此，AIoT 大数据具有数据价值更高（High-Value）、数据真实性要求更高（High-Veracity）与数据处理实时性要求更高（High-Velocity）的特点。

3.7.3　大数据的应用

基于 AIoT 的大数据应用所能够产生的经济与社会效益将是巨大的，我们可以举一个智能工业中的例子来说明这一点。在 AIoT 智能工业应用时，研究人员将视点汇聚到航空发动机产业。安全是航空产业的命脉，发动机是飞机的心脏，对于飞机的飞行安全至关重要。研究 AIoT 大数据对于飞机发动机的安全问题意义重大。

图 3-25 显示了早期发现故障的重要性。任何机器在长期使用过程中都会出现故障，并且故障的发生会有一个渐变的过程。例如，如果一台发动机在使用过程中开始出现故障，它会以一种信号（如噪声或振动）的形式出现，并且信号会逐步增强。对于早期信号，人主观上感觉不到，但可以听见噪声或感觉到振动，然后会进一步发展到设备或某个部件过热，最终会出现故障，造成发动机损坏。如果我们通过传感器对发动机的运行状态持续地采取监测手段进行监测，就可以在早期噪声出现阶段预测到故障的发生，并及时采取维修措施，避免安全事故的发生。对于像飞机发动机这样造价昂贵、一旦发生故障就有可能导致重大事故的关键设备，采用 AIoT 故障预测技术是非常有必要的。

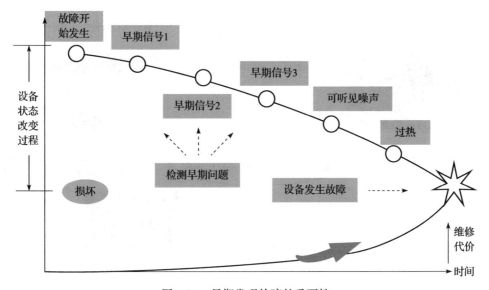

图 3-25　早期发现故障的重要性

根据国际飞机信息服务研究机构提供的数据，全球在 2011 年就有大约 21 500 架商用喷气式飞机，有 43 000 台喷气式发动机。每架飞机通常采用双喷气发动机的动力配置。每台喷气式发动机包含涡轮风扇、压缩机、涡轮机 3 个旋转设备，这些设备都装有测量旋转设备状态参数的仪器仪表与传感器。美国通用电气公司旗下的 GE 航空，为了确保飞机飞行安全，建立了一个覆盖每台喷气式发动机从生产、装机、飞行到维修整个生命周期健康状态监控的 AIoT 大数据应用系统，其结构如图 3-26 所示。

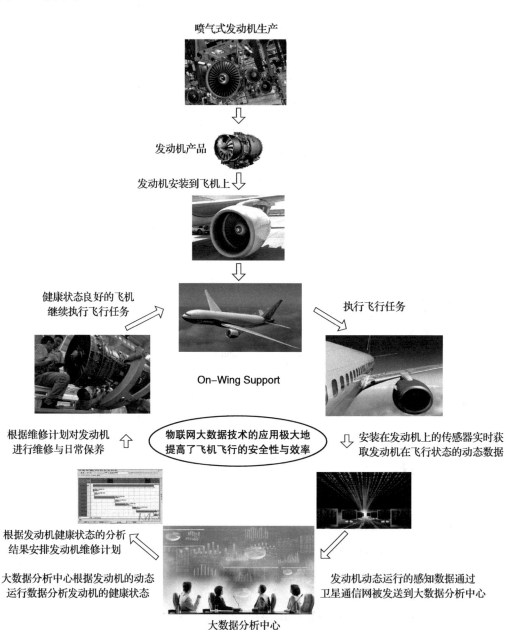

图 3-26　AIoT 大数据技术在飞机发动机日常维护中的应用

用于发动机健康状态监控的 AIoT 大数据系统记录了每台发动机的生产数据，

以及安装到每架飞机上的记录。飞机在每次正常飞行的过程中，每台喷气式发动机中每个旋转设备的传感器与仪表将实时测量的飞行状态数据，通过卫星通信网发送到大数据分析中心，并保存在发动机状态数据库中。大数据分析中心的工作人员使用大数据分析工具，对每台发动机的数据进行分析、比较，评价发动机的性能、燃油消耗与健康状况，发现潜在的问题，预测可能发生的故障，快速、精准、预见性地针对每台发动机制定日常维护与维修计划，包括维修时间、地点、预计维修需要的时间以及航班的调度。制定好维修计划之后，大数据分析中心与航空公司、机场进行协调，在待维修的飞机还没有降落之前，就在相应的机场安排好维修技术人员与备件。GE 航空将这种服务叫作 On-Wing Support。推出这项服务之后，如果一架从芝加哥飞往上海的飞机上的发动机需要维修，那么航班在上海机场降落后，最多只需要 3 个小时就可以完成维修任务，安全地飞回芝加哥。AIoT 大数据技术在飞机发动机日常维护中的应用，可以大大地提高飞机飞行安全性，缩短飞机维修时间，减少发动机备件库存的数量，从而节约飞机维护成本，提高飞机运行效率。

GE 航空的前身是 GE 公司旗下的飞机发动机公司（GE Aircraft Engine），公司原来只制作飞机发动机。在开展 On-Wing Support 业务之后，改名为 GE 航空（GE Aviation）。改名之后的 GE 航空标志着公司发展的转型，它已从一家单纯的"生产型"企业转型为"生产 + 服务"型企业。公司的业务在单纯的制造业基础上增加了基于产品大数据分析的延伸服务，为企业创造了新的价值。

这家公司产业转型升级的思路告诉我们：将 AIoT 大数据技术应用在飞机发动机日常维护中，这家公司就不仅是制造发动机、卖发动机的航空发动机制造商，也是一家航运信息管理服务商。它的业务从飞机发动机制作、销售，扩展到运维管理、能力保障、运营优化、航班管理的信息服务。

由于 AIoT 需要将大数据分析的结果作为应用系统反馈控制的依据，因此大数据分析的正确性与实时性，直接影响着 AIoT 应用系统运行的有效性与存在的价值。大数据应用的效果是评价 AIoT 应用系统技术水平的关键指标之一。

3.8　智能控制技术

3.8.1　智能控制与数字孪生

小到智能门禁、高速公路自动收费（ETC）系统，大到智能工业、智能电网、智能医疗、智能交通，AIoT 都需要采用闭环控制机制。我们在第 1 章中列举的无人驾驶汽车的自动泊车功能实现过程，能够很好地诠释传统智能控制理论与实现方法。

AIoT 应用系统的一个重要特点是：可反馈、可控制。AIoT 采用边缘计算与核心云计算相结合的计算模式，将需要实时处理的传感器感知数据就近在边缘计算平台中完成，边缘计算根据数据处理的结果，将控制指令快速反馈给执行器。远端的核心云主要用于承担大计算量、长期和预见性的数据分析处理任务，应用层根据数据处理结果决定控制策略、发出控制指令。控制指令由核心交换网、接入网传送到现场的执行器，由执行器完成控制指令。智能控制是 AIoT 一个重要的研究问题。研究控制理论的学者总结了控制技术发展的四个阶段：

- 第一阶段发生在二战前后，工程师认识世界与改造世界的"三论"是系统论、控制论与信息论；
- 第二个阶段是在机械化、电气化快速发展时期，自动控制理论从经典控制逐步发展成现代控制、计算机控制；
- 第三个阶段是从计算机控制发展到智能控制；
- 第四阶段出现在工业 4.0 时代，数字孪生（Digital Twin）将推动系统建模与仿真应用的快速发展。

数字孪生"因感知控制而起，以新技术集成创新而兴"。数字孪生已经成为 AIoT 研究领域一个新的技术术语和研究热点。

3.8.2　数字孪生的基本概念

提到"孪生"一词，人们自然会想到一对外貌相像的双胞胎，但对于"数字孪生"这个术语，大家可能会感觉很陌生。其实，"数字孪生"的设想最初出现在科幻电影中。看过电影《钢铁侠》的读者能够很好地理解"数字孪生"的概念。《钢铁侠》的主人公托尼·斯塔克为自己量身打造了一个钢铁战甲去惩奸除恶。而设计、改进和修理钢铁侠战衣的过程并不是在图纸或实物上进行操作的，而是通过虚拟影像用增强现实（AR）的方法呈现出来，整个过程完全是通过"数字孪生"的"镜像"技术来实现的。

在太空领域应用数字孪生的科幻片描绘的场景是：当地面测控中心向太空飞船上的宇航员发出一个舱外修复指令时，宇航员没有时间和空间进行预演，也没有经验可以借鉴，太空环境复杂，机会只有一次；宇航员立即在计算机中输入外部环境、故障现象、时间、温度等数据，计算机模拟出与现实太空一模一样的"孪生"虚拟环境；宇航员在虚拟环境中反复实验，直到找出最佳的操作方式与流程，然后将最佳方案输入太空机器人的程序中；太空机器人以精准的动作和正确的流程，顺利地完成舱外修复任务。

"孪生体 / 双胞胎"概念在实际工程中的应用最早可以追溯到 NASA 的阿波罗项目。NASA 在阿波罗项目中制造了两个完全一样的空间飞行器，即"双胞胎"的物理实体，一个在天空运行，一个留在地球上。留在地球上的空间飞行器用来做在天空运行的空间飞行器的运行状态的镜像仿真。NASA 的阿波罗项目为后来出现的"数字孪生体"的研究打下了坚实的基础。随着将数字孪生技术应用于制造业研究的发展，科学家进一步提出了"产品数字孪生体"与"数字纽带"（Digital Thread）的概念。图 3-27 给出了航天领域的数字孪生概念示意图。

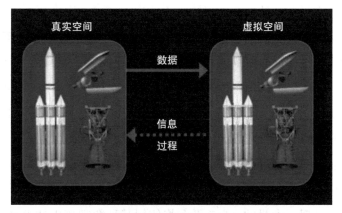

图 3-27　航天领域的数字孪生概念示意图

因此，数字孪生的概念始于科幻电影，因感知控制而起，以新技术集成创新而兴。数字孪生已经成为 AIoT 研究领域一个新的技术术语和研究热点。在 AIoT 时代，人类要将科幻电影中的"数字孪生"幻想变成现实。

2003 年，美国密歇根大学的 Michael Grieves 教授第一次提出了"数字孪生"的概念。数字孪生的概念模型如图 3-28 所示。

要理解数字孪生的基本概念，需要注意以下几个问题：

- 孪生体是两个一模一样的物理实体，是一对双胞胎，而数字孪生体中的一个是物理实体、另一个是虚拟的数字孪生体；
- "数字孪生体"引入虚拟空间，建立虚拟空间与物理空间的关联，使彼此之间可以进行数据与信息交互；
- 数字孪生体根据传感器传送的数据，借助物理实体仿真软件，预测物理实体的运行状态，产生控制物理实体运行的操作指令；

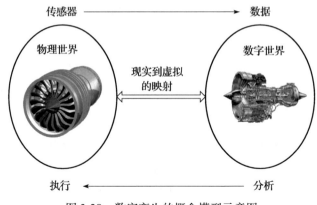

图 3-28　数字孪生的概念模型示意图

● 数字孪生体的工作过程直观地体现了"虚实融合，以虚控实"的研究思路。

数字孪生技术概念虽然起源于制造业与航空航天领域，但是它的先进理念正在被很多行业吸取和借鉴，已经扩展到智能医疗、智能交通、智能电网、智慧城市等领域。工业 4.0 的推进带动了云计算、大数据、智能技术与 AIoT 的融合，为数字孪生的发展注入了强劲的动力；数字孪生为 AIoT 大规模应用中复杂智能系统的控制设计提供了一种新的思路和方法。

2017 年，国际知名咨询机构 Gartner 将数字孪生列入 2019 年十大战略性技术趋势，认为它具有巨大的颠覆性潜能，未来 3 ～ 5 年内将会有数亿件的物理实体以数字孪生的状态呈现，大量的 AIoT 平台将使用某种数字孪生技术来实现智能控制，少数城市将率先利用数字孪生技术进行智慧城市的管理。

3.9　区块链技术

目前区块链在智能工业、供应链管理等领域已经有一些比较成熟的应用，智慧城市、智能交通、智能医疗、网上支付、供应链管理、物流与物流金融、溯源防伪等领域的应用仍处于研究和实验阶段。

3.9.1　区块链的基本概念

理解区块链在 AIoT 中的应用，首先需要了解区块链的产生背景与发展过程。

在互联网上账户被盗是经常发生的事，并且没有一种预防措施是绝对安全的。网络安全人员只能在正确的时间找出问题的根源，以减少被盗账户的损失。这需要做到以下两点：

- 检测到是谁查看了被保护对象的账户并修改了它。
- 采取措施保证被保护对象相关的信息不被盗用。

区块链恰恰能够做到这两点。区块链具有分布式、可信和不可篡改的特点。区块链的基本工作原理如图 3-29 所示。

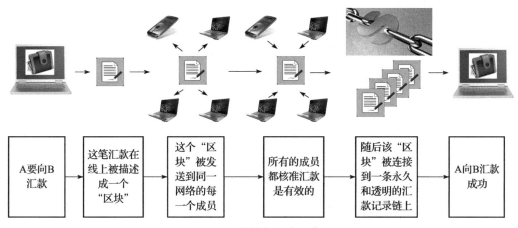

图 3-29　区块链的基本工作原理

区块链的基本工作过程可以形象地描述为：如果客户 A 要给客户 B 汇款，那么他的这笔汇款信息在网上就被描述成一个称为"区块"的数据块；该"区块"被发送给同一网络中的每个成员；所有成员都核准这笔货款是有效的；随后，该"区块"就被记录到一条永久和透明的汇款记录链上；这个区块链体系保证客户 A 向客户 B 汇款是成功的。

理解区块链的基本工作原理，需要注意以下几个问题。

第一，区块链涉及三个基本概念：交易（transaction）、区块（block）与链（chain）。

- 交易是指一次对账本的操作，如添加一条转账记录、导致账本状态的一次改变。
- 区块是指对当前状态，即记录一段时间内发生的所有交易和状态结果的一次共识。
- 链是由一个个区块按照发生顺序串联而形成的账本状态日志记录的线性链表。

如果将区块链系统看作一个状态机，那么每一次交易就意味着一次状态改变；只允许添加账本，不允许删除账本；生成的区块就是参与者对其中交易导致的状态变化结果形成的共识。

第二，区块链网络是由多个独立的称作"节点"的计算机组成的网络。与传统的集中式数据库服务器上存储全部信息的数据库不同，区块链节点利用管理员的角色来保存整个数据库的副本。这样，即使一个节点发生错误，仍然可以从剩余的节点获得相应的信息。当节点加入区块链网络时，它会下载最新的区块链账本。每个节点负责用已校验的区块来管理和更新账本。

第三，为了防止参与者对交易记录进行篡改，区块链引入了哈希算法（或散列算法）作为验证机制。哈希算法（或哈希函数）是网络安全中常用的一种保护任何文件类型（如文本、图像、视频、语音）数据完整性的算法。哈希算法将给定的输入字符串生成固定长度的"哈希值"，即"消息摘要"。一个区块链使用一个特定的哈希函数，例如在电子货币领域，流行的哈希函数是 SHA-256。哈希函数用来生成"消息摘要"，保护特定的输入数据或敏感信息。输入数据如果有很小的变化，对应的哈希值（即"消息摘要"）也会发生显著的改变。

第四，多个交易捆绑在一起形成一个"区块"（block）。区块本质上是一个数据结构。每个数字货币都有带有特定属性的区块链。例如，区块链可以每 10 分钟生成一个区块，每个区块大小为 1MB。

第五，区块链是一个按时间顺序排列的账本，节点以按时间顺序连接的区块形式排列整个账本，其结构如图 3-30 所示。

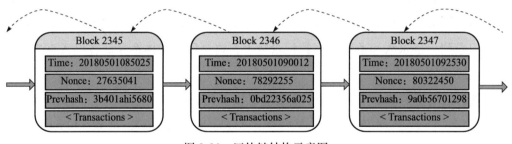

图 3-30　区块链结构示意图

区块链的核心算法是哈希函数。为了确保账本不会被篡改，每一个区块依赖于前一个区块。没有前一个区块的哈希值，就无法生成新的区块。在账本中添加新的区块时，必须通过区块链中多数节点的验证。攻击者无法通过篡改一个节点的区块或对某一个区块做微小的更改而影响整个区块链，除非攻击者同时感染或攻击了区块链中数以百万计的节点。

3.9.2　区块链的技术特征

区块链的技术特征可以归纳为以下几个方面。

（1）去中心化（decentralized）

整个网络中没有中心化的管理节点与机构，所有节点之间的地位、权利与义务都平等；某个节点的损坏与丢失都不会影响整个系统的运行。

（2）去信任（trustless）

系统节点之间进行数据交互无须第三方确认彼此的信任关系，整个系统的运行过程是公开和透明的，所有的数据内容都是公开的。在系统规定的时间与规则范围内，节点之间不可能也无法欺骗对方。

（3）集体维护（collectively maintain）

开源的程序保证账本与商业规则可以被所有节点审查。系统中的数据块由所有具有维护功能的节点来共同维护，任何人都可以成为具有维护功能的节点。

（4）可靠数据库（reliable database）

整个系统采用分布式数据库的形式，每个参与节点都能获得一份完整的数据库拷贝。单个节点对数据库内容的修改是无效的，也无法影响其他节点的数据内容。因此，攻击者难以对区块链系统进行攻击。

这种通过分布式集体运作方式实现的不可篡改、可信任的机制，通过计算机程序在全网记录所有交易信息的"公开账本"，任何人都可以加入和使用。区块链可以用来再造各行各业的信任体系。

制造商可以借助区块链技术，追溯每一个零部件的生产厂商、生产日期、制造批号以及制造过程的信息，以确保产品生产过程的透明与可信，有效提升整体系统与零部件的可用性。区块链特有的共识机制支持通过对等方式将各个设备相互连接起来，各个设备之间保持共识，不需要中心验证，这样就确保了当一个节点出现问题时不会影响网络的整体安全性。

3.9.3　区块链的应用

区块链是以去中心化方式集体维护一个可靠数据库的技术方案。它可以永久性地不断扩大记录列表，其中的所有记录都可以被溯源，每个区块主要包括与事务相关的区块的加密散列信息和时间戳，这些特点使得区块链具有以下安全优势。

（1）有利于隐私保护

实际上，区块链是一个分布式网络数据库系统。每笔交易的发生都得到所有节点的认证和记录，可以提供给第三方查验，交易的历史记录按时间顺序排列，并且不断累积在区块链体系中。这样在计算机之间就建立了"信任网络"，使交易双方不需要第三方信任中介，降低了交易成本。区块链以共同的规则为基础，不同节点之间交换信息时都遵循统一规则，交易不需要公开个人身份，在保证成功交易的前提下，有利于用户匿名与隐私保护。

（2）防止数据篡改

区块链形成了一个去中心化的对等网络，采用公钥密码体系对数据进行加密，每个新的区块需要获得全网 51% 以上节点的认可才能被加入区块链中，数据信息被存储在区块链中之后就不能随意更改。加入区块链的网络节点数越多，节点计算能力越强，整个系统的安全性就越高。

（3）提高网络容错能力

区块链上的数据分布在对等节点中。区块链上的每个用户都有权生成并维护数据的完整副本。这样做尽管会造成数据冗余，但是极大地提高了可靠性，并增强了网络容错能力。如果某些节点受到攻击或遭到损害，也不会对网络的其余部分产生影响。

（4）防止用户身份被盗

根据 2017 年的一项研究，过去 50 年中因用户身份被盗用而造成的经济损失达 1000 亿美元之多。这些事件大多与信用卡诈骗、金融欺诈相关。基于区块链的身份管理平台在用户身份验证方面具有先天优势。区块链将过去对人的信任改变为对机器的信任，以避免用户身份被盗用的可能性，减少人为因素对网络安全的影响。

（5）防止网络欺诈

电子商务中基于区块链的智能合约利用系统中的数据块是由所有节点共同维护、节点之间不可能也无法欺骗对方的特点，有效防止了网络欺诈与抵赖现象的发生。

（6）增强网络防攻击能力

区块链中的每个节点都可以按照自治的原则，开启安全防护机制，对网络攻击采取自我防护，网络安全防护的效果将随着网络规模的扩大而增强。

目前，区块链在 AIoT 安全应用方面的研究主要聚焦在行业应用、密码算法、安全监管、资产管理等领域，重点在能源电力、电子发票、数据保全、资产管理、电子政务等领域构建安全可信体系。在密码算法领域，依托国产密码算法重构区块链底层框架，提高安全性与自主可控能力。在安全监管领域，推出面向行业的安全风险监控平台，完善区块链监管体系，建立 AIoT 信任体系。

加快区块链与 AIoT、AI、大数据、5G、云计算等信息技术的深度融合，推动集成创新和融合应用，加快"AIoT+区块链"产业生态建设，是当前我国 AIoT 研究与发展的重要任务之一。

本章小结

1. 支撑 AIoT 发展的关键技术包括感知、接入、边缘计算、5G、基于 IP 的核心交换网、云计算、大数据、智能控制、区块链技术。

2. AIoT 感知技术包括各种传感器、RFID 与 EPC、位置感知技术。

3. AIoT 接入网可以分为有线接入与无线接入两类。

4. AIoT 利用边缘计算形成"端 – 边 – 云"的三级结构，从而实现各种实时性应用。

5. 5G 能够提供超高移动性能、超低延时与超高密度连接，为 AIoT 的发展提供了重要的技术保障。

6. AIoT 的发展有力地推动了 SDN/NFV 的落地和应用。

7. 云计算是 AIoT 应用系统的应用服务层与应用层软件的运行平台。

8. 大数据应用的效果是评价 AIoT 应用系统技术水平的关键指标之一。

9. 数字孪生为 AIoT 中复杂智能系统的控制设计提供了一种新的思路与方法。

10. 区块链将为 AIoT 建立信任体系、隐私保护与网络安全提供重要的技术手段。

思　考　题

1. 智能手机的接近传感器可以通过控制屏幕是否显示来节约电能。请设计一个实验，找出你所使用的手机安装接近传感器的位置。

2. 请试着设计一种能够向家长随时报告儿童行踪的运动鞋，说明设计的思路与采用的技术。

3. 设想一种最能够发挥"北斗与 5G 融合"优势的 AIoT 应用场景。

4. RFID 能够用来表示一类产品还是一件产品？为什么？

5. 结合自己日常网络应用的体会，说明云计算的优点。

6. 举例说明边缘云与核心云数据之间协同工作的关系。

7. 设想一种最能够发挥 6G 技术优势的 AIoT 应用场景。

8. 举例说明 AIoT 大数据应用的案例。

9. 举例说明数字孪生在 AIoT 中的应用。

10. 为什么说区块链的应用可以防止数据被篡改？

第4章 AIoT 应用领域

应用是推动 AIoT 发展的真正动力。我国政府高度重视 AIoT 应用的发展，确定了智能工业、智能农业、智能物流、智能交通、智能电网、智能环保、智能安防、智能医疗与智能家居等重点发展的应用领域。本章在重点讨论智能工业、智能电网、智能交通、智能医疗等应用的基础上，以数字孪生在智慧城市中的应用为例，对 AIoT 应用技术进行总结。

本章学习要点：

- 了解智能工业的基本概念与研究的主要内容；
- 了解智能电网的基本概念与研究的主要内容；
- 了解智能交通的基本概念与研究的主要内容；
- 了解智能医疗的基本概念与研究的主要内容；
- 了解智慧城市的基本概念与研究的主要内容。

4.1 智能工业

4.1.1 工业 4.0 与"中国制造 2025"

1. 工业 4.0 的基本概念

有人说 AIoT 应用的核心是智能制造，这是有道理的。因为制造业是国民经济的主体，是立国之本、强国之基。要了解工业 4.0 的基本概念，可以回顾一下世界工业革命经历的四个阶段：

- 第一次工业革命（工业 1.0）是以蒸汽机为代表的蒸汽时代；

- 第二次工业革命（工业 2.0）是以大规模生产的流水线为代表的电气时代；
- 第三次工业革命（工业 3.0）是以软硬件结合为代表的自动化时代。

工业 1.0 产生在英国，它使英国成为当时最强大的"日不落帝国"。工业 2.0 与工业 3.0 产生在美国、德国等发达国家，它使美国、德国进入了世界工业大国方阵。

从技术角度看，前三次工业革命从机械化、规模化、标准化与自动化生产方面，大幅度提升了生产力。

进入 21 世纪，制造大国的发展动力不再单纯依赖于土地、人力等资源要素，而是更多地依靠互联网、AIoT、云计算、大数据、智能硬件、3D 打印、新材料，开展创新驱动。工业革命进入了第四个阶段——智能化时代。

2012 年，美国提出了"工业互联网"的发展规划。2013 年，德国提出了"工业 4.0"的发展规划。世界上两大制造强国开始了无声的角力赛。2015 年，我国提出了"中国制造 2025"的发展规划。工业革命发展的四个阶段如图 4-1 所示。

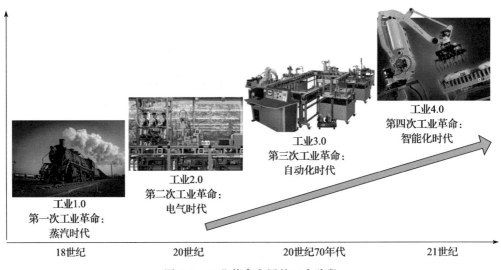

图 4-1　工业革命发展的四个阶段

工业 4.0 改变了传统的工业价值链，它从用户的价值需求出发，大规模定制批量化的产品与服务，并以此作为整个产业链的共同目标，在产业链的各个环节实现协同化。工业已经从土地、人力资源等要素驱动，转换为科技型创新驱动。

2009 年，美国政府提出了《重振美国制造业框架》，2011 年启动《先进制造业伙伴计划》，2012 年发布了《先进制造业国家战略计划》。2013 年，美国明确重点突破三大技术：先进制造的感知控制，可视化、信息化、数字化制造，先进材料制造。

依据美国的《先进制造业国家战略计划》，参考德国工业 4.0 战略计划，美国通用电气公司（GE）于 2012 年 11 月发布了《工业互联网：突破智慧和机器的界限》白皮书。GE 提出的工业互联网研究计划得到了美国政府与产业界的广泛支持。2014 年成立了由 GE 与网络设备制造商 Cisco、计算机厂商 IBM 等组成的工业互联网联盟（IIC），致力于打破技术壁垒，推动工业互联网的发展。

德国"工业 4.0"由德国工程院、行业协会、西门子公司等学术界与产业界代表联合于 2013 年推出，并被纳入德国政府发布的《德国高科技战略 2020》十大未来项目之中。

传统的制造业是根据自身对市场需求的判断去组织产品的批量市场，在 AIoT 时代，制造业将按照客户的需求定制产品，实现从"制造"向"制造 + 服务"模式的转型。随着定制生产的推行，工厂将从一种或一类产品的生产单元，变成全球生产网络的组成单元；产品不再只由一个工厂生产，而是全球生产。创造附加值的不再仅仅是产品制造，而是"制造 + 服务"。

工业 4.0 是一个创新制造模式、商业模式、服务模式、产业链与价值链的革命性概念，带动了制造业的全面转型，实现了从大规模生产到个性化生产的转型、从制造型生产到服务型制造的转型。未来企业之间的竞争将从产品的竞争向商业模式的竞争转化。工业 4.0 带动了制造业的全面转型。

2."中国制造 2025"的特点

我国政府高度重视新一轮世界制造业转型升级的历史机遇，于 2015 年 5 月 8 日颁布了《中国制造 2025》发展规划。

规划明确指出：经过几十年的快速发展，我国制造业规模跃居世界第一位，建立起门类齐全、独立完整的制造体系，成为支撑我国经济社会发展的重要基石和促进世界经济发展的重要力量。持续的技术创新，大大提高了我国制造业的综合竞争力。但我国仍处于工业化进程中，与先进国家相比还有较大差距。制造业大而不强，自主创新能力弱。建设制造强国，必须紧紧抓住当前难得的战略机遇，积极应对挑战，加强统筹规划，突出创新驱动，发挥制度优势，动员全社会力量奋力拼搏，更多依靠中国装备、依托中国品牌，实现中国制造向中国创造的转变，中国速度向中国质量的转变，中国产品向中国品牌的转变，完成中国制造由大变强的战略任务。智能制造是新一轮科技革命的核心，也是制造业数字化、网络化、智能化的主攻方向。

立足国情，立足现实，我国政府确定了通过"三步走"实现制造强国的战略目标。

第一步：力争用十年时间，迈入制造强国行列。到 2020 年，基本实现工业化，制造业大国地位进一步巩固，制造业信息化水平大幅提升。掌握一批重点领域关键核心技术，优势领域竞争力进一步增强，产品质量有较大提高。制造业数字化、网络化、智能化取得明显进展。重点行业单位工业增加值能耗、物耗及污染物排放明显下降。到 2025 年，制造业整体素质大幅提升，创新能力显著增强，形成一批具有较强国际竞争力的跨国公司和产业集群，在全球产业分工和价值链中的地位明显提升。

第二步：到 2035 年，我国制造业整体达到世界制造强国阵营中等水平。创新能力大幅提升，重点领域发展取得重大突破，整体竞争力明显增强，优势行业形成全球创新引领能力，全面实现工业化。

第三步：新中国成立一百年时，制造业大国地位更加巩固，综合实力进入世界制造强国前列。制造业主要领域具有创新引领能力和明显竞争优势，建成全球领先的技术体系和产业体系。

"中国制造 2025"是全面提高我国制造业发展质量与水平的重大战略决策，也给智能 AIoT 技术研究与产业带来了重大的发展机遇。

4.1.2　工业 4.0 涵盖的基本内容

1. 工业 4.0 的特点

工业 4.0 的五大特点是互联、数据、集成、创新、转型。根据工业 4.0 提出的设想，将运用信息物理融合系统（CPS）技术，升级工厂中的生产设备，实现智能化，将工厂变成智能工厂。

图 4-2 给出了工业 4.0 的技术框架。工业 4.0 依靠工业物联网、云计算、工业大数据组成的信息基础设施，依靠硬件的 3D 打印、工业机器人技术，以及软件的工业物联网安全、知识工作自动化技术，依靠面向未来的虚拟现实与智能技术。工业 4.0 的核心是智能工厂、智能制造与智能物流。

2. 智能工厂

智能工厂呈现出高度互联、实时系统、柔性化、敏捷化、智能化的特点。以汽车制造的智能工厂为例，自动化几乎覆盖了从原材料到成品的全部生产过程。现代汽车的定位并不是一辆简单的电动汽车，而是一个可移动的大型智能终端；它具有全新的人机交互方式；它接入 AIoT，成为一个包括硬件、软件、内容与服务的用户体验工具。

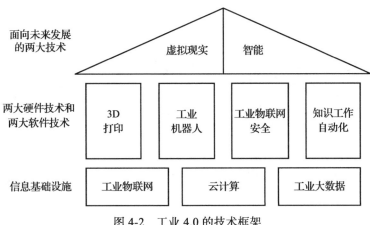

图 4-2　工业 4.0 的技术框架

工业机器人是生产线的主要力量。几百台机器人分别配置在冲压生产线、车身中心、烤漆中心与组织中心。车身中心的"多工机器人"（Multi-tasking Robot）是目前最先进的工业机器人。它们大多只是一个巨型的机械臂，能够完成多种不同的任务，包括车身冲压、焊接、铆接、胶合等工作。它们可以先拿起钳子进行点焊，然后放下钳子、拿起夹子胶合车身板件。这种灵活性对于小巧、有效率的作业流程十分重要。

在车体组织好之后，位于车体上方的运输机器人就要将整个车体吊起，运到喷漆中心的喷漆区。在那里，具有弯曲机械臂的喷漆机器人根据订单的颜色要求，将整个车身喷上漆。

喷漆完成后，车体由运输机器人送到组装中心。安装机器人安装好车门、车顶，然后将定制的座椅安装好。同时，位于车顶的相机拍下车顶的照片，传送给安装机器人。安装机器人计算出天窗的位置，再把天窗玻璃黏合上去。

在车间里，运输机器人按照工序流程，根据地面上事先用磁性材料铺设好的行进路线，游走在各道工序的机器人之间。在流程执行的过程中，运输机器人、加工机器人、喷漆机器人与组织机器人之间，车体与部件的位置必须控制到丝毫不差。要做到这一点，就必须要对机器人进行训练和学习。而 AIoT 感知的海量数据，为工业机器人的学习提供了丰富的数据资源。

从以上的介绍中可以看出，智能工厂是运用 CPS、AIoT 与 AI 技术，升级生产设备，加强生产信息的智能化管理与服务，减少对生产线的人为干预，提高生产过程的可控性，优化生产计划与流程，构建高效、节能、绿色、环保、人性化的智慧工厂，实现了人与机器的协调合作。制造汽车的智能工厂车间如图 4-3 所示。

图 4-3　智能工厂示意图

3. 智能制造

智能制造包括产品智能化、装备智能化、生产方式智能化、管理智能化与服务智能化（如图 4-4 所示）。

（1）产品智能化

产品智能化是指：将传感器、处理器、存储器、网络与通信模块与智能控制软件融入产品之中，使产品具有感知、计算、通信、控制与自治的能力，实现产品的可溯源、可识别、可定位。

（2）装备智能化

装备智能化是指：通过先进制造、信息处理、人工智能、工业机器人等技术的集成与融合，形成具有感知、分析、推理、决策、执行、自主学习与维护能力，以及自组织、自适

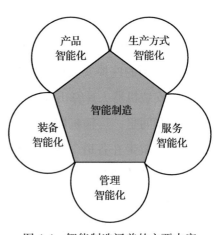

图 4-4　智能制造涵盖的主要内容

应、网络化、协同工作的智能生产系统与装备。

（3）生产方式智能化

生产方式智能化是指个性化定制、服务型制造、云制造等新业态、新模式，本质是重组客户、供应商、销售商以及企业内部的组织关系，重构生产体系中的信息流、产品流、资金流的运作模式，重建新的产业价值链、生态系统与竞争格局。

（4）管理智能化

管理智能化可以从横向集成、纵向集成和端到端集成三个角度去认识。

- 横向集成是指从研发、生产、产品、销售、渠道到用户管理的生态链的集成，企业之间通过价值链与信息网络实现的资源整合，实现各企业之间的无缝合作、实时产品生产与服务的协同。
- 纵向集成是指从智能设备、智能生产线、智能车间、智能工厂到生产环节的集成。
- 端到端集成是指从生产者到消费者，从产品设计、生产制造、物流配送到售后服务的产品全生命周期的管理与服务。

（5）服务智能化

服务智能化是智能制造的核心内容。工业 4.0 要建立一个智能生态系统，当智能无处不在、连接无处不在、数据无处不在的时候，设备与设备、人与人、物与物、人与物之间最终会形成一个系统级系统。智能制造的生产环节是研发系统、生产系统、物流系统、销售系统与售后服务系统的集成。

2020 年 4 月，工业互联网联盟（IIC）发布了《工业智能白皮书》，深入解读了工业智能的背景与内涵，分析了工业智能主要类型，并从应用、技术和产业等方面分析了工业智能发展的最新状况，以及对未来发展方向的预见。

4.1.3　工业 4.0 与数字孪生

工业 4.0 与数字孪生的关系可以从两个方面看。

第一，工业 4.0 需要数字孪生技术的支持。

工业 4.0 是 AIoT 最重要的应用。工业 4.0 的核心是智能工厂、智能制造与智能物流。智能工厂的"高度互联、实时系统、柔性化、敏捷化、智能化"特征，标志着智能工厂一定是一个复杂的"系统级系统"的总集成。智能制造的产品智能化、装备智能化、生产方式智能化、管理智能化与服务智能化特点，只有采用新的技术路线才能够实现。

工业 4.0 控制对象的复杂度已经远远超出了数控机床、工业过程控制、计算机集成制造。智能工厂、智能制造与智能物流研究的对象是复杂大系统。工业 4.0 的实现必须寻找到新的控制理论与方法。数字孪生（Digital Twin）运用全数字化生命周期迭代优化，通过并行工程与快速迭代，最终形成闭环数字孪生（Closed Loop Digital Twin）。数字孪生概念的出现，为工业 4.0 的实现提供了新的理论与方法，引发了多领域技术的集成创新。

第二，工业 4.0 为数字孪生提供了发展的空间。

支持数字孪生应用落地的主要技术是：

- 基于 AIoT 的虚实互联与集成；
- 基于云计算的数据孪生数据存储与共享服务；
- 基于大数据与人工智能的数据分析、融合与智能决策；
- 基于虚拟现实与增强现实的虚实映射与可视化技术的应用。

目前，支持数字孪生落地应用的技术条件都已经成熟，工业 4.0 为数字孪生技术提供了前所未有的发展空间。这种历史性的机遇促进了工业 4.0 与数字孪生的融合、创新和发展。

4.1.4 产品数字孪生体

本节以产品数字孪生体为例，探讨数字孪生在智能工业中的应用前景。

1. 数字纽带的概念

随着将数字孪生技术应用于制造业研究的发展，科学家进一步提出了"产品数字孪生体"与"数字纽带"（Digital Thread）的概念。

要理解数字纽带的概念，需要注意以下几点：

- 数字纽带利用先进建模和仿真工具构建，覆盖产品全生命周期与全价值链，从基础材料、设计、工艺、制造以及使用维护全部环节，集成并驱动以统一的模型为核心的产品设计、制造和保障的数字化数据流；
- 数字纽带也是一个允许可连接数据流的通信框架，并提供一个包含生命周期各阶段孤立功能视图的集成视图；
- 数字纽带为在正确的时间将正确的信息传递到正确的地方提供了条件，使得产品生命周期各环节的模型能够及时进行关键数据的双向同步和沟通；
- 数字纽带在整个系统的生命周期中无缝加速企业的数据、信息和知识之间的相互作用，在初步设计、详细设计、制造、测试、使用、维护过程中采集各阶段的动态数据，实时评估产品在当前和未来的状况；

● 数字纽带为产品数字孪生体提供贯通产品生命周期和价值链的访问、整合、转换能力，实现全面追溯、双向共享 / 交互信息、价值链协同，最终实现了闭环的产品全生命周期数据管理和模型管理。

产品数字孪生体是对象、模型和数据，而数字纽带是方法、通道、链接和接口，通过数字纽带交换、处理产品数字孪生体的相关信息。图 4-5 给出了产品数字孪生体的结构示意图。

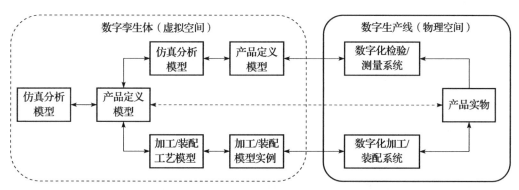

图 4-5　产品数字孪生体的结构

虚拟空间仿真分析模型的参数可以被传送到产品定义的全三维模型，并被一路传送到加工 / 装配模型、加工 / 装配模型实例之后，再被传送数字化生产线的数字化加工 / 装配系统，形成真实的物理产品实体；被另一路传送到仿真分析模型、产品定义模型，然后传送到数字生产线的数字化检验 / 测量系统。通过在线的数字化检验 / 测量系统反馈到产品定义、仿真分析模型中。通过数字纽带实现了产品生命周期阶段的模型和关键数据的双向交互，使得产品生命周期各阶段的模型和数据保持一致。

2. 产品数字孪生体的作用

产品数字孪生体的主要作用是模拟、监控、诊断、预测和控制。

（1）模拟

模拟是指建立物理实体的数字虚拟映射，建立实体的三维模型，并运用可视化方法，表现出模拟零部件、线路、接口的装配过程，从中发现问题，以便对产品进行预防性维护。

（2）监控

利用数字孪生，可以将实体模型与虚拟模型联系起来，通过数字模型与实体设备的精准匹配，实时获取设备监控系统的运行数据。通过虚拟模型反映实体对象的变化，进行故障的预判和维护，实现远程监控。

（3）诊断

在产品制造/服务过程中，制造/服务数据（如最新的产品制造/使用状态数据、制造/使用环境数据）会实时地反映在产品数字孪生体中。通过产品数字孪生体，可以实现对物理产品制造/服务过程的动态实时可视化监控，并基于所得的实测监控数据及历史数据实现对物理产品的故障诊断、故障定位等。

（4）预测

通过构建的产品数字孪生体，可在虚拟空间中对产品的制造过程、功能和性能测试过程进行模拟、仿真和验证，预测潜在的产品设计、功能与性能缺陷。针对存在的缺陷，通过对产品数字孪生体中对应参数的修改，对产品的制造过程、功能和性能测试过程再次执行仿真，直至问题得到解决。

监控与预测阶段的区别是：监控阶段允许调整控制输入，但是不对产品设计进行改变；预测阶段允许调整设计输入，进而对系统设计进行调整和优化。

通过数字纽带技术，在产品全生命周期各阶段将产品开发、产品制造、产品服务等各个环节的数据在产品数字孪生体中进行关联映射，在此基础上以产品数字孪生体为单一产品数据源，实现产品全生命周期各阶段的高效协同，最终实现虚拟空间向物理空间的决策控制，以及数字产品到物理产品的转变。同时，基于统一的产品数字孪生体，通过分析产品制造数据和产品服务数据，不仅能够实现对现实世界物理产品状态的实时监控，为用户提供及时的检查、维护和维修服务；也可以通过对客户需求和偏好的预测、对产品损坏原因的分析，为设计人员改善和优化产品设计提供依据。

基于产品数字孪生体和数字纽带技术，可实现对产品设计数据、产品制造数据和产品服务数据等产品全生命周期数据的可视化统一管理，并为产品全生命周期各阶段所涉及的工程设计和分析人员、生产管理人员、操作人员、供应链上下游企业人员、产品售后服务人员、产品用户等，提供统一的数据和模型接口服务，使得企业能够在产品实物制造以前就在虚拟空间中模拟和仿真产品的开发、制造和使用过程，避免或减少了产品开发过程中存在的物理样机试制和测试过程，从而降低企业进行产品创新的成本、时间及风险，解决了企业开发新产品通常会面临的成本、时间和风险三大问题，极大地驱动了企业进行产品创新的动力。基于产品数字孪生体的产品创新将成为企业未来的核心竞争力。

4.1.5　数字孪生在大型设备全生命周期管理中的应用

工程技术人员除了研究数字孪生在智能工厂、智能制造、智能物流中的应用之外，另一个研究的重点是数字孪生在大型设备全生命周期管理中的应用。我们可以通过对数字孪生应用于飞机发动机维护的分析，来说明这个问题。

在传统的生产方式中，虽然也提出了产品全生命周期管理（Product Lifecycle Management，PLM）的概念，但是就一个产品的设计、制造、售后服务的全过程而言，制造后期的管理一般都很薄弱，导致大量产品一旦出厂，制造商就无法获得产品运行期间的状态数据，无法根据 PLM 对产品全生命过程中的数据进行跟踪与管理。数据孪生的问世将从根本上改变这种状态。

飞机发动机结构复杂、运行周期长、工作环境恶劣、安全性要求极高。实现飞机发动机的故障诊断、失效预测、维修维护，保证飞机发动机的高效、可靠、安全运行，是保障飞行安全至关重要的问题。故障预测与健康管理技术需要通过实时、连续采集安装在飞机发动机中的传感器数据，对设备的状态监测、故障预测、维修决策等进行综合考虑与集成，从而延长设备的使用寿命、提升设备的可靠性。传统的航空发动机管理模式已经不能满足日益发展的航空业的要求，世界各大航空制造巨头纷纷提出数字孪生概念并致力于数字孪生研究，实现虚拟世界与现实世界的深度交互和融合，推动企业向协同创新、生产与服务的方向转型。

2011 年，美国空军研究实验室 AFRL 将数字孪生应用到飞机机体寿命预测中，提出了一个飞机机体的数字孪生体概念模型。该模型包括飞机在实际生产过程中的公差、材料的微观组织结构特性。借助于高性能计算机，机体孪生能够在飞机进入实际起飞之前，进行大量的虚拟飞行实验，发现非预期失效模式来修正原设计；通过在实际飞机上布置的传感器，实时采集飞机飞行过程中的参数，如六自由度加速度、表面温度和压力，并将这些参数输入数字孪生机体中，来修正模型，进而预测实际机体的剩余寿命。AFRL 将数字孪生应用到飞机机体寿命预测的方法如图 4-6 所示。

AFRL 正在开展的结构力学项目，旨在研究高精度结构损伤发展和累积模型，研究热 – 动力 – 应力多学科耦合模型，这些技术成熟后将被逐步集成到数字孪生体中，进一步提高数字孪生机体的保真度。

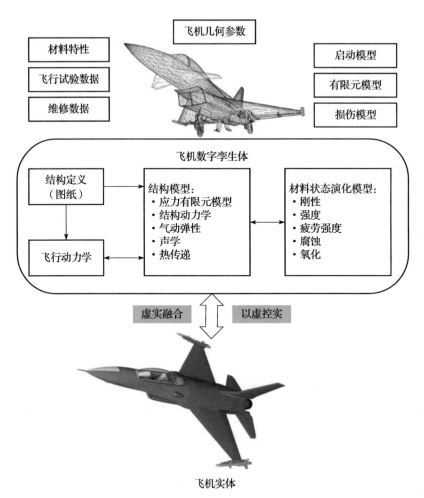

图 4-6　AFRL 利用数字孪生体解决飞机机体维护问题

　　NASA 的专家研究了一种降阶模型（ROM），以预测机体所受的气动载荷和内应力。将 ROM 集成到结构寿命预测模型中，能够进行高保真应力历史预测、结构可靠性分析和结构寿命监测，提升对飞机机体的管理。上述技术实现突破后，就能形成初始（低保真度）的数字孪生机体。图 4-7 给出了数字孪生应用于飞机起落架运行维护中的系统结构与工作原理示意图。

　　世界各大航空制造商都在基于自身业务，提出与之对应的数字孪生应用模式，致力于在航空航天领域实现虚拟与现实世界的深度交互和融合，推动企业向协同创新研制、生产和服务的方向转型。

　　为了直观地描述 AIoT 支持的数字孪生技术在飞机发动机运行维护中应用的重要性与研究的基本内容，本书参考了北京航空航天大学科研团队与沈阳飞机工业集团合作的基于数字孪生的起落架载荷预测辅助优化项目方案，相关的故障预测与健

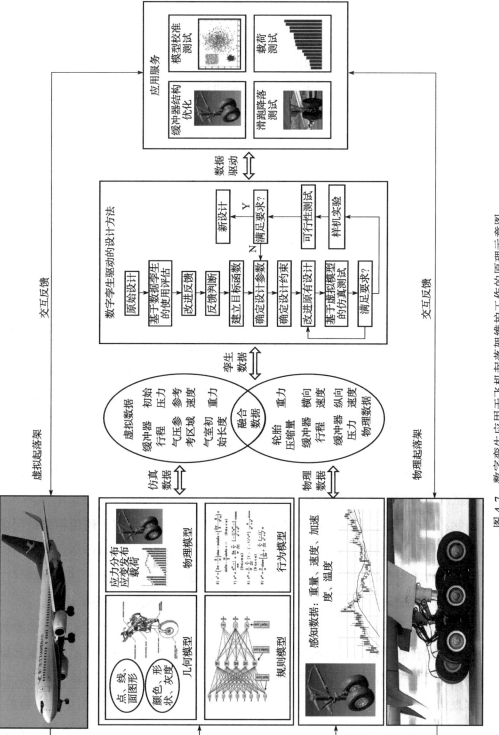

图 4-7　数字孪生应用于飞机起落架维护工作的原理示意图

康管理（Prognostics and Health Management，PHM）系统的研究与设计方法，以及庄存波等在"产品数字孪生体的内涵、体系结构及其发展趋势"一文中讨论的数字孪生理论与方法。

飞机发动机数字孪生体的研究需要考虑到发动机制作过程的实际参数、发动机在实际使用前模拟试验的数据，以及飞机发动机运行维护中传感器实时采集的发动机运行参数和环境参数等多种因素。

在飞机发动机制作过程中，就需要引进影响发动机寿命预测的数字孪生模型的参数。根据实际发动机制造过程的公差、装配间隙、应力应变与材料微观结构，以及发动机推动比、耗油率、效率与可靠性等数据，快速构建设计阶段的超写实、完整的仿真模型。

发动机在实际使用前，进行代码模拟试验台、高空模拟实验台、飞行模拟实验台等虚拟飞行，通过在实际飞机发动机的不同位置部署传感器，实时采集发动机飞行实验过程中的六自由度加速度、不同位置的温度与压力等量化的综合实验数据，借助于高性能计算或云计算平台，修正仿真模型。

在飞机发动机运行维护中，通过飞行过程中传感器实时采集的发动机运行参数和环境参数，如气动、热、循环周期载荷、振动、噪声、应力应变、环境温度、环境压力、湿度、空气组分等数据，数字孪生系统通过对飞行数据、历史维修数据与其他相关信息的数据挖掘，不断修正自身的仿真模型，完整地透视实际飞行的发动机运行状况，实时地预测发动机性能并判断磨损情况，从而进行故障诊断与报警；借助于 VR/AR 技术，实现专家与维修人员的沉浸式交互，合理地安排维修时间，实现发动机故障前预测与监控。

因此，在产品服务阶段，可以根据产品实际状态、实时数据、使用和维护记录数据对产品的健康状况、寿命、功能和性能进行预测与分析，并对产品质量问题提前预警。同时，当产品出现故障和质量问题时，能够实现产品物理位置的快速定位、故障和质量问题记录及原因分析、零部件的更换并做出产品维护与维修计划。

利用物理空间采用 AIoT 的感知传感与通信技术，将与物理产品相关的实测数据，如最新的传感数据、位置数据、外部环境感知数据等，以及产品使用数据和维护数据等关联映射到虚拟空间的产品数字孪生体。利用虚拟空间采用模型可视化技术，实现对物理产品使用过程的实时监控，并结合历史使用数据、历史维护数据、同类型产品相关历史数据，采用动态贝叶斯、机器学习等数据挖掘与机器学习方法，实现对产品模型、结构分析模型、热力学模型、产品故障和寿命预测与分析模型的持续优化，使产品数字孪生体和预测分析模型更加精确、仿真预测结果更加符合实际情况。对于已发生故障和质量问题的物理产品，采用追溯技术、仿真技术实现质量问题的快速定位、原因分析、解决方案生成及可行性验证等，最后将生成的最终结果反馈给物理空间，指导产品质量故障排查和溯源。

将 AR 技术应用于产品的设计过程和生产过程，在实际场景的基础上融合一个全三维的浸入式虚拟场景平台，通过虚拟外设，开发人员、生产人员在虚拟场景中所看到和所感知的均与物理空间的实体完全同步，由此可以通过操作虚拟模型来影响物理模型，实现对产品设计、工艺流程制定、产品生产过程的优化控制。在设备 / 制造工艺优化场景中，采用深度学习方法对设备运行、工艺参数等数据进行综合分析并找出最优参数，能够大幅提升运行效率与制造品质。AR 技术与产品数字孪生体的融合，将使数字化设计与制造技术、建模与仿真技术融合，达到"虚实融合、以虚控实"的目标。

数字孪生在智能工业的应用，对提升工业产品的生产效率与安全性有着重大的意义，将在智能制造、运行、维护与服务领域产生颠覆性的创新成果。

4.2　智能电网

4.2.1　智能电网的基本概念

世界各国都十分重视智能电网建设项目。2001 年，美国电力科学研究院提出了"智能电网"（IntelliGrid）的观念，2003 年提出了《智能电网研究框架》。2005 年，欧洲推出了《欧洲智能电网技术框架》，提出了超级智能电网（Super Smart Grit）的概念。美国能源部发布了 Grid2030 计划，通过采用先进的材料技术、超导技术、电力电子技术，重点研究电力控制、广域测量、实时仿真、可再生能源发电等技术，以构建全美骨干电网、区域电网与地方电网的多层电力网络，争取在 2030 年建成自动化、高效能、低投资、安全可靠和灵活应变的输配电系统，以保证整个电网的安全性、稳定性，提高供电的可靠性与服务质量。

电力是国家的经济命脉，是支撑国民经济的重要基础设施，也是国家能源安全的基础，电力系统的发展程度与技术水平是一个国家国民经济发展水平的重要标志。进入 20 世纪后，全球资源环境的压力日趋增大，能源需求不断增加，而节能减排的呼声越来越高，电力行业面临着前所未有的挑战。我国政府一直重视智能电网的技术研究与建设工作。2009 年，我国国家电网公司提出了"坚强智能电网"的概念。

我国智能电网建设总计将创造近万亿的市场需求。智能电网与 AIoT 的建设将拉动两个产业链。横向拉动智能电网的发电、输电、变电、配电到用电的产业链，纵向拉动由 AIoT 芯片、操作系统、软件、传感器、嵌入式测控设备、中间件、网络服务组成的产业链的完善与发展。

自然界中的能源主要有煤、石油、天然气、水能、风能、太阳能、海洋能、潮汐能、地热能、核能等。传统的电力系统是将煤、天然气或燃油通过发电设备转换成电能，再经过输电、变电、配电的过程供应给各种用户。电力系统是由发电、输电、变电、配电与用电等环节组成的电能生产、消费系统。电力网络将分布在不同地理位置的发电厂与用户连成一体，把集中生产的电能发送到分散的工厂、办公室、学校、家庭。

智能电网本质上是 AIoT 技术与传统电网"融合"的产物，它能够极大地提高电网信息感知、信息互联与智能控制的能力。AIoT 技术能够广泛应用于智能电网从发电、输电、变电、配电到用电的各个环节，可以全方位地提高智能电网各个环节的信息感知深度与广度，支持电网的信息流、业务流与电力流的可靠传输，以实现电力系统的智能化管理。图 4-8 给出了智能电网应用的覆盖范围与研究内容的示意图。

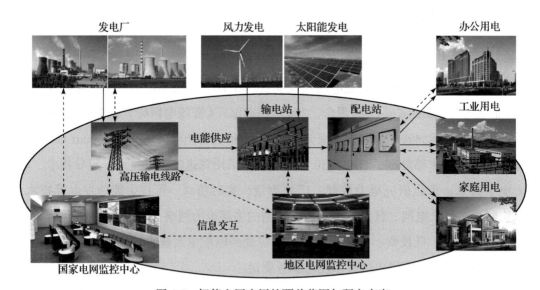

图 4-8　智能电网应用的覆盖范围与研究内容

AIoT 在智能电网中的作用可以归结为以下几点。

（1）深入的环境感知

随着 AIoT 应用的深入，未来智能电网从发电厂、输变电、配电到用电全过程的电气设备中，可以使用各种传感器对从电能生产、传输、配送到用户使用的内外部环境进行实时监控，从而快速地识别环境变化对电网的影响；通过对各种电力设备的参数监控，可以及时、准确地实现对从输配电到用电的全面在线监控，实时获取电力设备的运行信息，及时发现可能出现的故障，快速管理故障点，提高系统安全性；利用网络通信技术，整合电力设备、输电线路、外部环境的实时数据，通过对信息的智能处理，提高设备的自适应能力，进而实现智能电网的自愈能力。

（2）全面的信息交互

AIoT 技术可以将电力生产、输配电管理、用户等各方有机地联结起来，通过网络实现对电网系统中各个环节数据的自动感知、采集、汇聚、传输、存储，全面的信息交互为数据的智能处理提供了条件。

（3）智慧的信息处理

基于 AIoT 技术组建的智能电网系统，可以获取从电能生产、配电调度、安全监控到用户计量计费全过程的数据，这些数据反映了从发电厂、输变电、配电到用电全过程的状态，管理人员可以通过数据挖掘与智能信息处理算法，从大量的数据中提取对电力生产、电力市场智慧处理有用的知识，以实现对电网系统资源的优化配置，达到提高能源的利用率、节能减排的目的。

4.2.2　数字孪生在发电厂智能管控系统中的应用

发电设备不可避免地会发生故障，因此实现发电厂设备的健康平稳运行，从而保证电力的稳定供给与电力系统的可靠和安全具有重要的意义。北京必可测公司一直致力于电力、石化、冶金等领域的设备状态监测与设备精密诊断，它开发的基于数字孪生的发电厂智能管控系统如图 4-9 所示。该系统可以实现汽轮发电机组轴系可视化智能实时监控、可视化大型转机在线精密诊断、地下管网可视化管理及可视化三维作业指导等应用服务。

1. 汽轮发电机组轴系可视化智能实时监控系统

该系统基于采集的汽轮机轴系实时数据、历史数据及专家经验等，在虚拟空间构建了高仿真度的轴系三维可视化虚拟模型，从而能够观察汽轮机内部的运行状态。该系统能够对汽轮机状态进行实时评估，从而准确预警并防止汽轮机超速、汽轮机断轴、大轴承永久弯曲、烧瓦、油膜失稳等事故；帮助优化轴承设计、优化阀序及开度、优化运行参数，从而大大提高汽轮发电机组的运行可靠度。

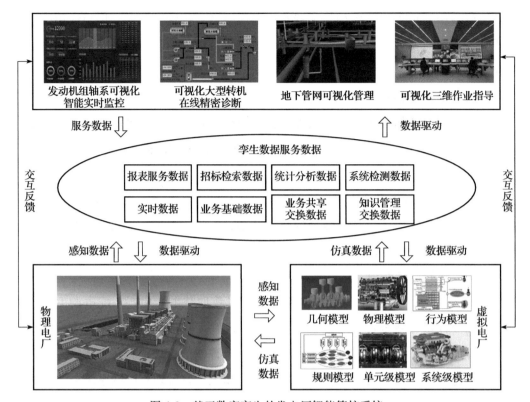

图 4-9　基于数字孪生的发电厂智能管控系统

2. 可视化大型转机在线精密诊断系统

该系统基于构建的大型转机虚拟模型及孪生数据分析结果，可以实时远程地显示设备状态、元件状态、问题严重程度、故障描述、处理方法等信息，能够实现对设备的远程在线诊断。工厂运维人员能够访问在线系统报警所发出的电子邮件、页面和动态网页，并能够通过在线运行的虚拟模型查看转机状态的详细情况。

3. 地下管网可视化管理系统

运用激光扫描技术并结合平面设计图，建立完整、精确的地下管网三维模型。该模型可以真实地显示所有扫描部件和设备的实际位置、尺寸大小及走向，且可对管线的图形信息、属性信息及管道上的设备和连接头等信息进行录入。基于该模型实现的地下管网可视化系统不仅能够三维地显示、编辑、修改、更新地下管网系统，还可对地下管网有关图形、属性信息进行查询、分析、统计与检索等。

4. 可视化三维作业指导系统

基于设备的实时数据、历史数据、领域知识及三维激光扫描技术等建立完整、精确的设备三维模型。该模型可以与培训课程联动，形成生动的培训教材，从而帮助新员工较快地掌握设备结构；可以与检修作业指导书相关联，形成三维作业指导书，规范员工的作业；可以作为员工培训和考核的工具。

4.2.3　数字孪生在风力发电机组故障预测中的应用

复杂机电装备具有结构复杂、运行周期长、工作环境恶劣等特点。实现复杂机电装备的失效预测、故障诊断、维修维护，保证复杂机电装备的高效、可靠、安全运行，对整个电力系统极为重要。故障预测与健康管理（Prognostics and Health Management，PHM）技术可利用各类传感器及数据处理方法，对设备状态监测、故障预测、维修决策等进行综合考虑与集成，从而延长设备的使用寿命、提高设备的可靠性。

现阶段的 PHM 技术存在模型不准确、数据不全面、虚实交互不充分等问题，这些问题的根本是缺乏信息与物理实体的深度融合。要将数字孪生五维模型引入 PHM 中，首先要对物理实体建立数字孪生五维模型；基于模型与交互数据进行仿真，对物理实体参数与虚拟仿真参数的一致性进行判断，再根据二者的一致与不一致，分别对渐发性与突发性故障进行预测与识别，最后根据故障原因及动态仿真验证进行维修策略的设计。

在物理风机的齿轮箱、电机、主轴、轴承等关键零部件上部署相关传感器可进行数据的实时采集与监测。基于采集的实时数据、风机的历史数据及领域知识等可对虚拟风机的几何 – 物理 – 行为 – 规则多维虚拟模型进行构建，实现对物理风机的虚拟映射。基于物理风机与虚拟风机的同步运行与交互，可通过物理与仿真状态的交互与对比、物理与仿真数据的融合分析，以及虚拟模型验证分别实现面向物理风机的状态检测、故障预测及维修策略设计等功能。这些功能可封装成服务，并以应用软件的形式提供给用户。基于数字孪生五维模型的 PHM 方法可利用连续的虚实交互、信息物理融合数据，以及虚拟模型仿真验证增强设备状态监测与故障预测过程中的信息物理融合，从而提升 PHM 方法的准确性与有效性。

我国有多家公司在将 PHM 方法应用于风力发电机的健康管理上进行了探讨。图 4-10 给出了典型的基于数字孪生的风力发电机组故障预测系统结构示意图。

从以上的讨论中可以得出三点结论。

第一，智能电网的建设涉及实现电力传输的电网与信息传输的通信网络的基础设施建设，同时要使用数以亿计的各种类型的传感器，实时感知、采集、传输、存储、处理与控制从电能生产到最终用户用电设备的环境、设备运行状态与安全的海量数据，AIoT 与云计算技术能够为智能电网的建设、运行与管理提供重要的技术支持。同时，智能电网也必将成为 AIoT 最基础、要求最明确、需求最迫切的一类应用。

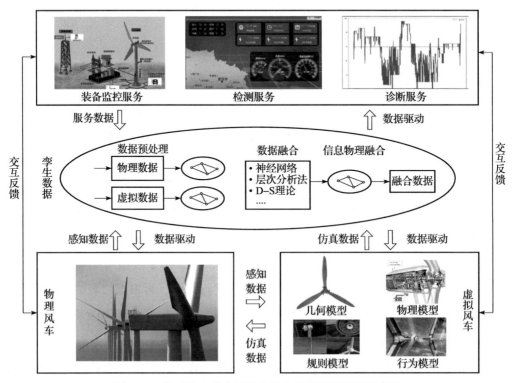

图 4-10　基于数字孪生的风力发电机组故障预测示意图

第二，数字孪生技术可以应用于智能电网关键设备的透视化监测、故障精密远程诊断、可视化管理及员工作业精准模拟，能够满足设备的状态监测、远程诊断、运维等各项需求，并实现了与用户之间直观的可视化交互，可以大大提升智能电网的运行效率与安全性。

第三，智能电网对社会发展的作用越大、重要性越高，其受关注的程度也就越高，所面临的信息安全形势越严峻。近年来发生的对电网信息系统攻击的情况明显地反映出了这一点。在发展智能电网技术的同时，必须高度重视智能电网信息安全技术的研究。

4.3　智能交通

4.3.1　智能交通的基本概念

传统的智能交通研究主要集中在城市公共交通管理、交通诱导与服务、车辆自动收费等方面。这一阶段的研究与应用的特点是：城市公共交通管理相对比较成熟，应用比较广泛；交通诱导与服务开始从研究走向应用；车辆自动收费已经在很多高速公路出入口应用。

但是需要注意的是城市交通涉及"人"与"物"。"人"包括行人、驾驶员、乘客与交警。"物"包括道路、机动车、非机动车与道路交通基础设施。"人""车""路"构成了交通的大"环境"。面对"人、车、路、基础设施"四个因素复杂交错的局面，传统的智能交通一般只能抓住其中一个主要问题，采取"专项治理"的思路去解决。例如，用交通信号灯来控制交通路口的通行秩序，防止交通事故的发生。在这里，行人与车辆是相对独立的，我们只能要求行人与车辆驾驶员各自遵守秩序，人与车辆之间的协调只能通过行人与驾驶员的"道德"去规范，出现事故通过交警来处理。

而智能交通的研究思路是：面向城市交通的大系统，利用智能交通的感知、传输与智能技术，实现人与人、人与车、车与路的信息互联互通，实现"人、车、路、基础设施与计算机、网络"的深度融合。在"人与车"这一对主要矛盾中，抓住"车"这个矛盾的主要方面，通过提高车辆主动安全性，达到进一步提高车与人通行的安全性与道路通行效率的目的。最典型的研究工作是智能网联汽车与车联网（如图 4-11 所示）。

图 4-11　智能网联汽车与车联网的研究

智能交通研究预期达到的目标主要有以下几个。

（1）环保的交通

智能交通系统应该能够大幅度降低温室气体与其他各种污染物的排放量，降低能源消耗，提高能源利用效率。

（2）便捷的交通

智能交通系统应该通过移动通信网、互联网，及时将与交通相关的气象、道路、拥塞、最佳路线等信息，以图像和语音提示的方式直观地提供给用户。

（3）安全的交通

在智能交通系统中，每辆汽车除了有传统的紧急刹车辅助系统（EBA）、电子稳定程序（ESP）、安全气囊之外，还能通过车联网与智能网联汽车的技术手段，如AIoT、云计算、大数据与智能技术，提高车辆、驾驶员、乘客与行人的主动安全性。

（4）高效的交通

智能交通系统应该能够实时进行依托互联网的交通数据的采集、分析和预测，优化调度与管理，最大化交通流量。

（5）可视的交通

智能交通系统应该能够将所有的公共交通工具与私家车、共享单车与共享汽车服务整合在一个系统中，进行统一的数据管理，提供整体环境中的交通网络状态视图。

（6）可预测的交通

智能交通系统应该能够持续地进行数据分析与建模，根据各种实时感知与采集的数据进行交通状态的预测，并根据预测结果来规划和改善基础设施建设。

2020年4月，百度发布了《Apollo智能交通白皮书》。白皮书中提出了"自动驾驶、车路协同和高效出行"的概念，将人工智能、大数据、自动驾驶、车路协同、高精地图等新一代信息技术都融入ACE框架之中。白皮书给出的发展愿景是：预计到2025年，"车－路－智－行"完成数字化升级；到2035年，"车－路－智－行"完成网联化转型；到21世纪中叶，"车－路－智－行"完成自动化变革，世界前列的"车－路－智－行"系统全面建成，"车－路－智－行"基础设施规模质量、技术装备、科技创新能力、智能化与绿色化综合实力位居世界前列。

4.3.2　智能网联汽车的研究与发展

1. 从无人驾驶汽车到智能网联汽车

汽车产业在过去100多年的发展历程中，还没有发生过颠覆性的变革。在人类手握方向盘一个多世纪之后，机器即将代替人类来驾驶汽车。消费者也将逐步从根本上转变对汽车的态度。虽然未来的汽车销售市场需求还不明确,但是新的商业模式将带来的可观利润已得到了众多投资者的青睐。利用人工智能技术整合传统行业所形成的新商业模式,无疑将主导汽车产业的未来发展。目前,纯电动汽车、自动驾驶汽车、网联汽车,或者自动驾驶技术与纯电动汽车结合为一体的智能网联汽车都成为热门的话题。

现有的无人驾驶汽车与智能交通都受到一系列的限制,未来的发展既不是单车的智能,也不是完全靠云端单独控制,而是两者的融合,必须将车联网与智能交通系统融合,形成新一代智能交通系统与新一代智能汽车系统。要实现这个目标,首先要解决"协同感知"与"融合感知"问题。车载传感器、车载移动边缘计算、路旁边缘计算、核心云计算、智能交通、高精度地图之间的协作要做到"实时""全局""协同"感知与控制,需要通过智能网联汽车(Intelligent Connected Vehicle,ICV)来实现。智能网联汽车的研究与发展将导致整个社会交通体系的革命性改变。图 4-12 给出了智能网联汽车运行的示意图。

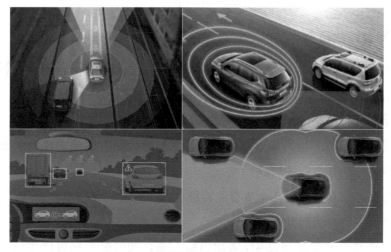

图 4-12　智能网联汽车运行示意图

2017 年 6 月,国内首个国家级智能网联汽车(上海)试点示范区封闭测试区启动,可以模拟 100 种用于测试的复杂道路状态。我国工业和信息化部在 2017 年 6 月正式向社会征求"国家车联网产业标准体系建设指南(智能网联汽车)"的意见,为颁布无人驾驶标准做准备。

2. 智能网联汽车研究的基本内容

智能网联汽车的定义是:搭载先进的车载传感器、控制器、执行器等装置,并融合现代通信与网络技术，实现车与 X（人、车、路、云等）的智能信息交换和共享，具备复杂的环境感知、智能决策、协同控制等功能，可实现"安全、节能、高效、舒适"的行驶，最终可实现替代人来操作的新一代汽车。

智能网联汽车是信息通信、AIoT、大数据、人工智能等新技术与汽车、交通运输跨界融合的产物，是全球产业的创新热点，也是未来发展的制高点。

从以上的讨论中，我们可以得出以下两点结论。

第一，智能网联汽车充分利用车联网与无人驾驶技术，融合车载移动边缘计算、路旁边缘计算、核心云与智能交通系统，实现对道路行驶车辆的"实时""全局""协同"感知与控制。智能网联汽车将彻底颠覆传统汽车与智能交通的概念，重新定义车辆、驾驶员与行人的运行模式，也为未来的智能交通开拓了新的研究思路与方法。

第二，智能网联汽车是智能交通研究与应用的重点问题之一。传统汽车生产商与计算机公司合作，用 AIoT、云计算、大数据、机器学习与深度学习、VR 与 AR、智能人机交互与智能控制等先进技术改造传统的汽车制造业，将彻底改变汽车制造业的产业与人才结构，以及社会交通体系的格局。

4.3.3　智慧公路的研究与发展

2018 年 3 月，交通部发布《关于加快推进新一代国家交通控制网和智慧公路试点的通知》，决定加快推进新一代国家交通控制网和智慧公路试点，重点推进智慧高速试点、路网运行监测、AIoT 道路运政服务系统等项目建设，营造智能、绿色、高效、安全的交通出行环境。交通部的通知让"智慧公路"的概念浮出水面。图 4-13 描述了智慧公路的基本特征。

智慧公路必须具备以下几个重要的特征。

（1）全面支持自动驾驶

通过在智慧公路两侧架设 5G 通信设施，为自动驾驶车辆提供能够满足自动驾驶需要的低延时、高带宽的无线通信信道，构成"驾驶员 – 道路 – 车辆 – 网络"的协同感知与控制体系。

（2）边行驶边充电

通过太阳能发电、路面光伏发电与移动无线充电技术，使公路就像一个大型的充电器，电动车辆可以一边行驶、一边充电，推动绿色交通的发展。

（3）道路设施自动感知安全状态

智慧公路的路段、桥梁与隧道能够自动感知、分析安全状态，通过通信网络向控制中心实时报告道路设施安全数据，及时预报安全隐患与安全事故，保证车辆的安全行驶。

图 4-13　智慧公路示意图

（4）通过大数据分析提高速度与安全性

建立大数据驱动的智能云控平台，通过将高精度定位、车路协同、无人驾驶、智能车辆管控等系统接入智能云控平台中，提高车辆运行速度、运行效率与安全性。

（5）边行驶边计费

通过视频识别系统，根据车辆特征，自动核定车辆行驶里程与收费标准，计算并实现移动收费，不需要通过收费站收费。

智慧公路将 AIoT、AI、云计算、大数据、智能、5G、无人驾驶技术与光伏、无线充电技术跨界融合，最终实现全面支持自动驾驶，营造一种全新的"智能、安全、绿色、高效"的交通出行环境。

4.3.4　数字孪生技术在车辆抗毁伤性能评估中的应用

作为人类重要交通工具的车辆在运行过程中，由于材料的疲劳老化、结构性疲劳、部件运行的磨损，以及交通事故，都有可能造成车辆性能下降与毁坏，车辆抗毁伤性能评估需要从材料、结构、零部件与功能等方面，对车辆毁伤等级、毁坏影响进行综合性的评价。目前对车辆抗毁伤的评价一般是采用物理模拟毁伤的方法，这种方法代价大、精度低、可信度不高。工程技术人员设计了一种基于数字孪生的车辆抗毁伤性能评估系统，其结构与工作原理如图 4-14 所示。

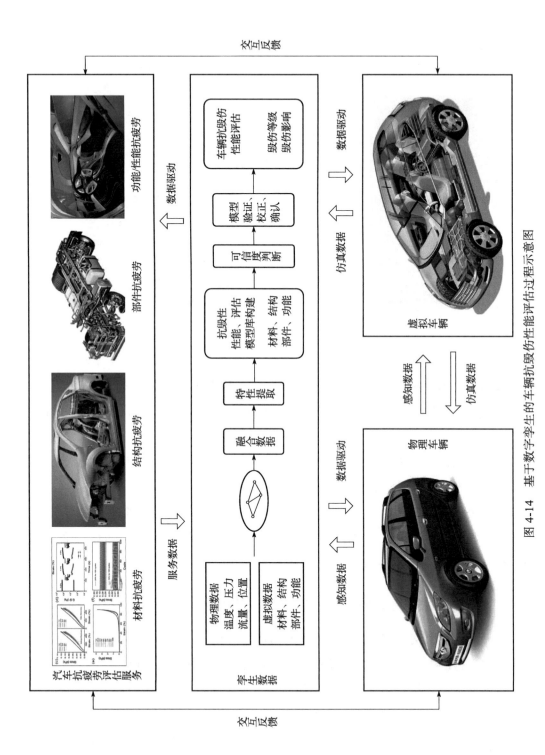

图 4-14 基于数字孪生的车辆抗毁伤仿性能评估过程示意图

基于数字孪生的车辆抗毁伤性能评估系统利用物理车辆与虚拟车辆实时感知数据与仿真数的双向交互反馈，实现对车辆抗毁伤性能进行精确评估。物理车辆配置的传感器实时感知车辆不同位置的温度、压力、流量、位置等与车辆性能相关的数据；虚拟车辆根据车辆性能模型（如几何模型、物理模型、行为模型、规则模型等），计算出在不同条件下对应的材料、结构、部件、功能等虚拟数据。车辆抗毁伤性能评估软件将根据物理车辆与虚拟车辆的数据，结合历史数据，以及同类车辆的相关数据，进行分析、处理、评估、验证，从车辆处理、结构、零部件、功能等多方面进行多维度的综合分析，对车辆毁伤等级、毁坏影响给出更为科学和精确的评价结论。这些评价数据的积累，可以帮助设计工程师对新车型的设计与制造不断进行改进和优化。

4.4　智能医疗

4.4.1　智能医疗的基本概念

进入 AIoT 发展阶段，人工智能、大数据等新技术在智能医疗中的应用，推动智能医疗向"无处不在的医疗"（Care Anywhere）、"全生命周期关怀"（Care Anytime）、"精准医疗"（Care Individuality）的目标迈出了一大步。

2020 年 9 月，罗兰贝格管理咨询公司发布的《人工智能医疗白皮书》中指出，AI 技术将是医疗 AI 发展的核心要素。AI 将实现医疗服务的线上线下一体化，将从疾病治疗拓展到主动式健康管理，助推各级医院实现一致的、精准的、体验良好的健康管理服务，真正促进无处不在、全生命周期的医疗服务体系的形成。

AI 在智能医疗中的作用具体表现在以下几个方面。

（1）临床辅助决策的应用

临床辅助决策系统未来在基层医院与三级医院应用前景广阔，将按照从全科到专科、从工具到平台的方式进行演进，与临床进行深度融合。对于基层医院，AI 辅助诊断能够有效减少医生的误诊、漏诊情况，提升医生诊疗水平，提高医疗服务质量；对于三级医院，AI 可通过数据反馈推动诊断更规范、更合理，提升医生诊断效率与准确性。

（2）"AI+ 大数据技术"的应用

依托医疗体系，打通患者院内外全生命周期数据，实现主动式健康管理。AI 将实现智能化疾病预防指导，对疾病和个人健康进行实时动态监测和评估，为用户提供个性化行为干预，推动高质、高效、低成本的康复护理、慢性病管理等保健服务，可降低疾病风险，防患于未然，降低患者、医院、医保部门的医疗费用支出。以"AI+ 大数据技术"为核心的个人健康管理平台将成为关键。

（3）AI 覆盖药品、医疗器械全价值链

AI 在研发环节能够缩短研发周期、降低研发成本、提高研发成功率；在生产环节能够提质增效；在应用环节能够加速临床进程、辅助临床策略制定，促进精准医学、个性化诊疗与精准用药。

（4）AI 推动医疗生态圈的变革

AI 将帮助实现医保费用控制、智能风控、减少欺诈等目标，促进支付方与医疗服务提供方及药品、器械提供方形成新的协同关系，最终目标是以医疗价值为导向，提升医疗服务、药品以及器械的质量并节约支出。

（5）医学自然语言处理和知识图谱的应用

自然语言处理对于实现病历结构化、实现虚拟助理和辅助诊断、挖掘文献和临床等证据中药物与疾病的关系等应用至关重要；知识图谱是临床辅助支持系统的底层核心，是实现智能化语义检索的基础和桥梁，在疾病风险评估、智能辅助诊疗、医疗质量控制、医学科研辅助、院管决策支持等智慧医疗领域都有良好的发展前景。

（6）提供"端 – 端"解决方案

医疗 AI 供给方将从提供基于固定价格的通用性产品，向提供基于价值的个性化解决方案演进；将在政策驱动下从基于信息化预算获取直接收入的模式，向在以人为本的趋势下通过节省费用或数据变现进行价值创造的模式与收费模式演进；除了医疗需求方之外，会更加关注医疗健康生态圈的更广阔市场。

未来的智能医疗体系将向着更加重视以人为本，发展以数字化驱动的人群健康管理和一体化服务网络及医疗、医药、医保的"三医融合"服务模式，实现无处不在的医疗、全生命周期关怀与精准医疗的方向发展。

4.4.2 AI 与医疗服务全流程的关系

在 IoT 发展阶段，智能医疗以医院信息系统（Hospital Information System，HIS）为基础，以患者基本信息、治疗过程、医疗经费与物资管理为主线，通过覆盖全院所有医疗、护理与医疗技术科室的管理信息系统，同时接入区域智能医疗网络平台，实现医疗信息服务、医院事务管理，以及在线医疗咨询预约、远程医疗培训和远程医疗服务。

在 AIoT 发展阶段，AI 将赋能医疗服务提供方诊前、诊中、诊后全流程，AI 与医疗服务结合，在诊前、诊中、诊后各个环节演化出丰富的应用场景，能够实现多方面价值，包括提高服务质量、提升患者体验、节约医疗成本、强化医院运营管理等。AI 在医疗服务全流程中的应用如图 4-15 所示。

（1）AI 医学影像

医学影像已成为重要的临床诊断方法，传统的人工读片作业量大、误诊/漏诊率较高，AI 将极大提升医学影像用于疾病筛查和临床诊断的能力。AI 医学影像是计算机视觉技术在医疗领域的重要应用，能大幅增强图像分割、特征提取、定量分析、对比分析等能力，可以实现病灶识别与标注、病灶性质判断、靶区自动勾画、影像三维重建、影像分类和检索等功能。

AI 可以提供一些参数的定量测量和对比，包括结合患者历史数据进行纵向对比分析，以及与标准情况、其他患者数据进行横向对比分析，辅助医生结合临床经验进行判断。AI 医学影像是当前医疗人工智能最为成熟的应用场景。

（2）AI 辅助诊断

医学的不断发展使其专业划分越来越细，这导致临床医生对自己专业范围外的疾病领域的知识掌握有限。然而，临床真实环境中的疾病情况通常是多学科、多领域的复杂情景，需要临床医生具备综合诊断能力。AI 对解决这些问题提供了极大的帮助。

AI 能提供综合诊断能力，从而提高医疗质量。AI 辅助诊断提供的是决策支持，而不是简单的信息支持。AI 不依赖于事先定义好的规则，能够保证证据更新的时效性，快速智能地处理临床数据和医生反馈，拓宽查询以外的应用场景，能在一定程度上弥补临床医生医学知识的局限性，帮助其做出恰当的诊断决策，改善临床诊断效果。

（3）AI 健康管理

健康管理应当是贯穿诊前、诊中、诊后全生命周期的专业化精准服务，AI 通过智能化手段有助于实现这一目标。传统的医疗路径为"患病后治病"，而在未来的医疗健康生态体系下，医疗对健康结果的达成将超越对于诊疗项目数量的关注，包括注重诊前疾病预防、帮助人群在更长的阶段内保持健康，并通过预防性筛查和重点关注高危人群提升国民健康水平，以成本更低但更有效的方式管理慢性病，为不同人群提供不同的健康方案。

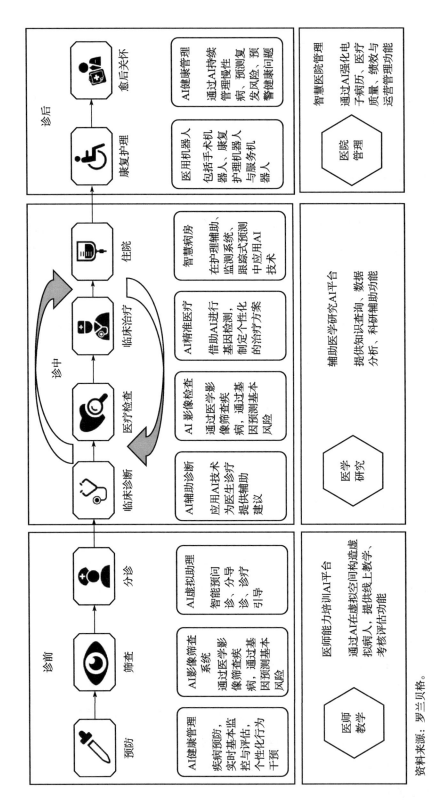

图 4-15 AI 在智能医疗服务全流程中的应用

资料来源：罗兰贝格。

对于诊前健康管理来说，通过基因检测、智能硬件等途径，获取基因、代谢等数据，应用 AI 技术对获取的数据进行分析，进而可对用户或患者进行个性化行为干预，为用户提供饮食、起居等方面的健康生活建议，帮助用户规避患病风险。

对于诊后健康管理来说，依托 AI 构建智能管理平台，通过持续的追踪随访、监测和效能评定推算疾病复发和再患病的风险，能够延长医疗服务半径，有效缓解医院门诊压力，释放优质医疗资源，为患者提供最新的合理治疗方案，有助于在慢性病、肿瘤等需要长期随访和治疗指导的领域，满足患者的面诊购药、复诊续方、康复指导等诊后服务需求。

（4）AI 虚拟助理

AI 的应用极大提高了诊前效率，改善了患者体验。预问诊、分导诊、挂号等场景往往需要大量重复和简单的人力工作，而 AI 虚拟助理采用智能机器人、人脸识别、语音识别、远场识别等技术，结合自然语言处理和知识图谱等认知层能力，可以根据患者的情况描述和诊疗需求进行分析，完成诊疗前分导诊、预问诊、诊疗引导等工作，大幅提高诊前效率。

（5）AI 精准医疗

基因检测在精准医疗中发挥着重要作用。传统基因检测中，基因组数量庞大，人工实验费时费力且耗费成本巨大、检测准确率低。对于精准医疗来说，包括预测疾病风险和制定个性化的诊疗方案在内，都迫切需要大量的计算资源及数据的深度挖掘。AI 基于强大的计算能力，能快速完成海量数据的分析，挖掘并更新突变位点和疾病的潜在联系，强化人们对基因的解读能力，因而提供更快速、更精确的疾病预测和分析结果，实现患病风险预测、助诊断、制定靶向治疗方案、诊后复发预测等功能。

同时，辅助医学教学平台通过 AI、VR/AR 等技术，构造虚拟病人、虚拟空间，模拟患者沟通、手术解剖等医疗场景，辅助医学教学，提供逼真的练习场景，帮助医生缩短训练时间、提升教学效果，打通从海量数据中提取精准定量诊疗关键信息的层层壁垒，使诊疗经验得到积累与传承，提高医疗服务的精准化水平。智慧医院管理可以通过实时数据追踪、分析、预测来优化医院管理。管理内容包括电子病历管理、质量管理，如用药质量、临床路径、医技检查、绩效管理、精细化运营。

4.4.3　远程医疗系统与医疗机器人

1. 远程医疗

远程医疗（Telemedicine）是一项全新的医疗服务模式。它将医疗技术与计算机技术、多媒体技术、AIoT 技术相结合，以提高诊断与医疗水平，降低医疗开支，满足广大人民群众健康与医疗的需求。在未来的医疗活动中，医生可以根据计算机屏幕上显示的异地病人的各种信息来进行诊断和治疗。

广义的远程医疗包括：远程诊断、远程会诊、远程手术、远程护理、远程医疗教学与培训。目前，基于互联网的远程医疗系统已经从初期的电视监护、电话远程诊断技术发展到利用高速网络实现实时图像与语音的交互，实现专家与病人、专家与医务人员之间的异地会诊，使病人在原地、原医院即可接受多个地方专家的会诊，并在其指导下进行治疗和护理。同时，远程医疗可以使身处偏僻地区和没有良好医疗条件的患者，如在农村、山区、野外勘测地、空中、海上、战场等的患者，也能获得良好的诊断和治疗。远程医疗共享宝贵的专家知识和医疗资源，可以大大地提高医疗水平，为保障人民群众健康必将发挥重要的作用。对于我国这样一个幅员辽阔但东西部以及城乡医疗资源严重不平衡的国家，发展远程医疗服务具有特殊的意义。

2007 年 7 月 23 日对于远程医疗技术发展是具有重要意义的一天。远程机器人在互联网的支持下辅助外科完成了一例胃食管反流病手术。一位 55 岁的男性病人患有严重的胃食管反流病，躺在多米尼加共和国一家医院的手术室。"主刀"医生是世界著名的外科专家 Rosser，他正在数千英里之外的美国康乃迪格州，面对的是远程医疗系统中的一台计算机。手术十分复杂，当地医生经验不足。在手术现场有两台机器人协助。一台是利用语音激活的机器人，用于控制手术辅助设备；另一台是控制腹腔镜内摄像机的机器人。由机器人控制摄像机是为了保证从内窥镜获得清晰的图像。耶鲁医学院的两名医生作为 Rosser 的助手在现场协助监督机器人工作。Rosser 利用名为 Telestrator 的设备，通过置于病人体内的摄像机观察病人腹部，指挥手术活动。这次远程手术是前瞻性技术展示，也是医学和现代信息技术结合的成功范例，充分体现出基于互联网的医学技术广阔的应用前景。图 4-16 描述了远程医疗的工作场景。

远程医疗技术的应用很广泛，决定了这项技术具有巨大的发展空间。目前，我国一些远程医疗中心通过与合作医院共建"远程医疗中心合作医院"的方式，整合优质资源，构建区域医疗服务体系，帮助基层医院提高医疗水平，带动合作医院的整体发展，为加速医院发展和解决患者就医难问题提供了一条有效的解决途径。我国幅员辽阔、医疗资源不均衡，发展远程医疗技术具有重要的现实意义。

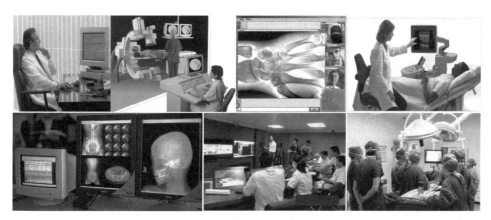

图 4-16　远程医疗的工作场景

2. 医疗机器人

医疗机器人的发展可以追溯到 1985 年利用工业机器人辅助定位完成的神经外科活检手术。这次手术首次将机器人技术与医学相结合，开启了医疗机器人的新纪元。

医疗机器人根据应用场景可以分为手术机器人、康复机器人、服务机器人、辅助机器人四类。手术机器人是最主要的类别，在医疗机器人中占 37% 左右。手术机器人可以克服人的生理局限，具有操作精度高、操作可重复性高、操作稳定性高等特点，被用于高精度要求的微创手术中，获得了显著的临床效果。根据应用手术类型，手术机器人可以细分为神经外科机器人、骨科机器人、腹腔镜机器人、血管介入机器人。随着智能医疗的发展，全球医疗机器人发展迅速、市场规模快速增长。图 4-17 给出了多种手术机器人的图片。

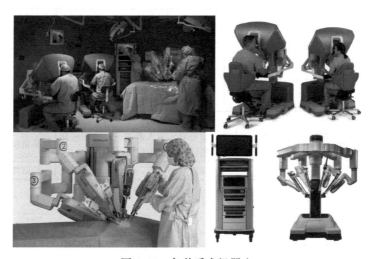

图 4-17　各种手术机器人

4.4.4 医疗大数据与机器学习算法的应用

1. 医疗大数据的基本概念

要了解医疗大数据，首先要知道个人健康大数据。个人健康大数据是指一个人从出生到死亡的全生命周期中，因免疫、体检、门诊、治疗、住院等涉及个人健康活动所产生的大数据。个人健康大数据一般由医疗卫生部门、金融保险部门与公安部门整理归档，由医疗卫生部门留存的数据属于医疗大数据。

医疗大数据主要涵盖诊疗数据、患者数据与医药数据三个方面。其中，诊疗数据主要来自每个人在医院就诊时所生成的电子病历、各种检测（如常规化验、CT、透视、免疫、生化检测等），以及基因检测数据等。这部分数据来自医院，数据比较完整、规范，所占比例可以达到90%。患者数据显得比较少，只占到6%；这部分数据可能来自可穿戴医疗设备、智能手机，以及各种网络医疗行为数据（如挂号预约、网络购药、医患及病友交流等）。医药数据来源于医药研发与科研部门，主要有药物与医疗器材在临床前、临床及上市后对大量人群进行疗效跟踪获取的临床测试，以及科研机构公布的数据，所占比例大约为4%。表4-1给出了医疗大数据的来源、特点等内容。

表 4-1 医疗大数据的来源、数据量与特点

数据种类	数据量	数据特点	细分	主要来源
诊疗数据	最多90%	完整性、结构化、标准化有待提高	病历：病史、诊断结果、用药信息等	医院、诊所
			传统监测：影像、生化、免疫等	医院、检测机构、云存储公司
			新兴监测：DNA 测序等	医院、第三方检测机构、科研机构
患者数据	少量6%	完整性、结构化、标准化有待提高	体征类健康管理数据	可穿戴计算设备、智能手机
			网络医疗行为数据：寻医问药、网络购药、挂号问诊、医患病友交流	互联网医疗公司终端
医药数据	少量4%	完整性、结构化、标准化高	医药研发数据：临床前、临床与上市后对大量人群进行疗效跟踪获取的临床测试数据	医药研发企业、医院、科研机构
			科研数据	科研机构

2. 医疗大数据的应用

医疗大数据的应用主要包括以下五个方面，如图4-18所示。

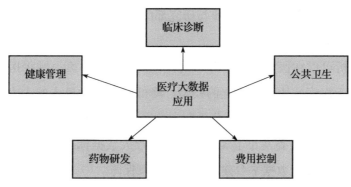

图 4-18　医疗大数据的主要应用领域

（1）临床诊断

医疗大数据在临床诊断中的作用可以表现在：基于患者特征数据和疗效数据，比较各种治疗方法的有效性，找出针对该患者的最佳治疗方案；为医生提出诊疗建议，如药物不良反应、潜在的危险；对患者病历的深度分析，找出治疗某一类疾病的不同方法并对效果进行比较；以个人基因信息为基础，结合蛋白质组、代谢组等内环境信息，量身定制最佳治疗方案，实现精准治疗的目的。

（2）健康管理

医疗大数据在健康管理中的作用主要表现在：结合个人生理参数与卫生习惯，利用各类可穿戴医疗设备和装置，连续、实时监控用户健康状态，提供个性化的保健方案，做到"未病先防"；发现健康问题，及时对"准患者"进行干预，做到"已病早治"；对慢性病患者实现远程监控，做到"既病防变"。

（3）公共卫生

Google"流感参数"已经显示出大数据对于流行病监测预报的重要作用。从非典到 H7N9，病毒性流感一波波袭扰人类。流感病毒不断发生变异，并且传播速度很快，而人类缺乏有效的药物、疫苗和预防措施，因此流行病预测成为困扰医学界的一大难题。利用大数据预测流行病为公共卫生中流行病预测开辟了新的研究思路和方法。

（4）药物研究

医疗大数据在药物研究中的作用主要表现在：在新药研发开始阶段，可以通过大数据建模和分析方法，为研究工作提出最佳的技术路线；在新药研发阶段，可以通过统计工具和算法，提出优化的临床实验方案；在新药临床试验阶段，可以根据临床实验数据与患者记录的分析，确定药品的适应性与副作用。同时，通过对疾病模式与趋势的分析，为医疗产品企业与研究部门制定研发计划提供科学依据。

（5）费用控制

大数据分析可以在医疗的各个环节对比不同的治疗方案，减少医疗成本，避免过度治疗；基于疾病、用药等建立的模型，降低医药研发投入的人力、财力、物力与时间，降低医药研发成本，提高药价制定的透明性与合理性。

2018 年，我国卫健委发布了《国家健康医疗大数据标准、安全和服务管理办法（试行）》，为推动医疗大数据平台建设提供了政策保障。

3. 医疗大数据的应用示例

（1）医疗大数据在健康服务中的应用

随着社会经济与技术的发展，现代医疗服务理念也在不断地改变。传统的健康服务模式是被动和单向的，现代健康服务模式"以健康为中心"，是主动和互动的。医疗个性化服务已经在主动医疗健康服务体系中占主导地位。主动、互动和个性化的 AIoT 智能医疗健康服务系统的结构如图 4-19 所示。

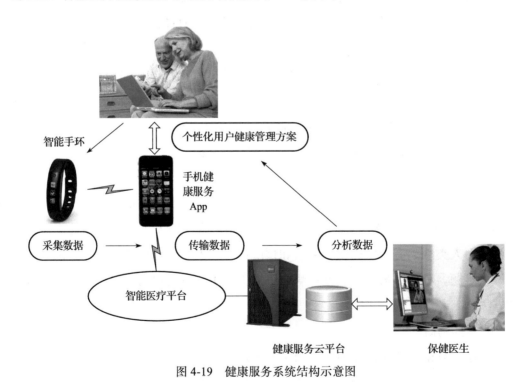

图 4-19   健康服务系统结构示意图

现代医疗健康服务系统由用户移动终端设备、健康服务云平台与医生终端设备三部分组成。用户通过移动终端设备（如智能手环），连续监测血压、脉搏、行走的步数，通过近距离无线通信信道（如蓝牙技术），将数据传送到手机健康服务 App；由智能手机健康服务 App 计算行走的距离和消耗的脂肪数值。这些数据连续、动态地通过移动通信网发送到互联网上的健康服务云平台。保健医生结合每年的体检报告，分析用户的动态健康数据，给出合理的个性化健康管理方案，以实现"未病先防"的目的。

（2）医疗大数据在慢性病管理中的应用

慢性病以心血管疾病与糖尿病居多。患有慢性病的患者如果没有其他的技术手段可助力的话，只能经常到医院看病。这给患者和家属带来了很大经济负担与精神压力，也给医院带来了很大的压力。医院也一直在寻找办法，既能给患者随时随地的关注，又能够减少患者的返诊率。在这样的背景下，一种智能医疗慢性病医疗管理系统应运而生。慢性病医疗管理系统的结构如图 4-20 所示。

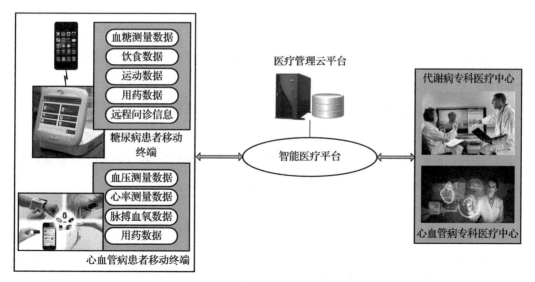

图 4-20　慢性病医疗管理系统结构示意图

对于糖尿病患者，医用移动终端设备可以定时地测量患者的血糖数据、运动数据，配合智能手机专用 App 软件，可以连续获取患者的血糖、运动、饮食、用药数据，以及医生远程问诊的信息。这些数据将被传送到医疗管理云平台的数据库中。代谢病专科医疗中心的专家将根据数学模型与体检情况，分析采集到的患者日、周、月的血糖数据、血糖曲线，指导患者调整饮食、运动与用药。

对于心血管病患者，医用移动终端设备可以定时地测量患者的血压数据、心率数据、脉搏血氧数据，配合智能手机专用 App 软件，可以连续获取患者的血压、心率、脉搏和用药数据，以及医生远程问诊的信息。这些数据将被传送到医疗管理云平台的数据库中。心血管病专科医疗中心的专家将根据数学模型，结合体检数据，分析采集到的患者血压、脉搏与心率变化，判断患者病情，指导患者用药。

（3）机器学习在医疗影像分析中的应用

医疗信息系统中存在大量患者的医疗影像，医护人员可以从患者的医疗影像（如 X 光片和胃镜图像）中看出疾病类型和发病状态。传统的医疗系统依靠医生的经验来读取所有的医疗影像，不仅速度慢，而且判断准确率受医生经验的影响较大。在智能医疗系统中，可以利用卷积神经网络来建立一个智能医疗影像分析模块。影像分析模块的开发者调用和组合封装好的模型定义和网络，构建卷积层、池化层，通过组合和参数设定可实现自定义的神经网络模型，并按照医疗影像数据的类型、大小和精度来改变卷积层的层数、神经元的个数等分析参数，实现影像分析和疾病的自动分类分级。在智能分析模块的构建过程中，开发者需要根据疾病的严重程度和致死率，来调整训练的次数和对分析的精度要求。随着训练轮次的增加，医疗图像分析模块的准确率会不断提高，直至达到预设的精度要求。这样医疗影像分析就可以被广泛用于患者的疾病诊断中。

每当医疗信息系统将患者的医疗影像传送到智能医疗影像分析模块之后，系统将医疗影像送入卷积神经网络，经过填充、卷积、激活函数、池化、全连接和分类等过程进行分析，最后产生疾病分类和分级的结果，再将结果写回医疗信息系统中并供医护人员参考。医疗影像分析的过程如图 4-21 所示。

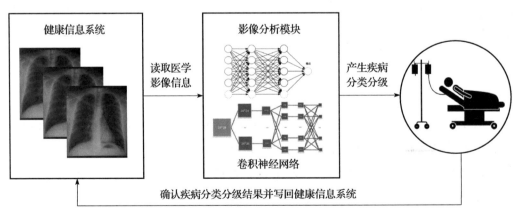

图 4-21   医疗影像分析的过程示意图

讨论了大数据与机器学习在医疗影像分析中的应用案例之后，有一点需要说明，即在一个真实存在的智能医疗应用系统中，医疗影像分析的全过程都是在云计算环境中完成的,但是需要分清一点,健康信息系统是应用层的一部分,而医疗影像分析软件应该属于应用服务层的一部分。智能医疗系统的最终用户是医生,他们通过应用层提出医疗影像分析的需求,应用层软件去调用应用服务层的医疗影像分析软件来完成分析任务,最后的分类分级诊断结果将返回到应用层,为医生确诊病情提供依据。按照计算机网络层次结构模型的设计原则,AIoT 的最高层——应用层使用相邻低层——应用服务层的服务;AIoT 应用服务层为它的高层——应用层提供服务。这个例子再一次证明了设置应用服务层与应用层的必要性。

4.4.5　数字孪生在智能医疗中的应用

科学家设想,未来每个人都可以拥有自己的人体数字孪生体。数字孪生利用真实人体与虚拟个人之间的生理指标的实时交互,及时评估个人健康状况,快速对出现的问题进行处理。数字孪生智能医疗系统将成为个人健康管理、健康医疗服务的新平台和实验手段,随时随地保护人们的健康。我国科学家基于数字孪生五维模型设计的智能医疗系统的结构与基本工作原理如图 4-22 所示。

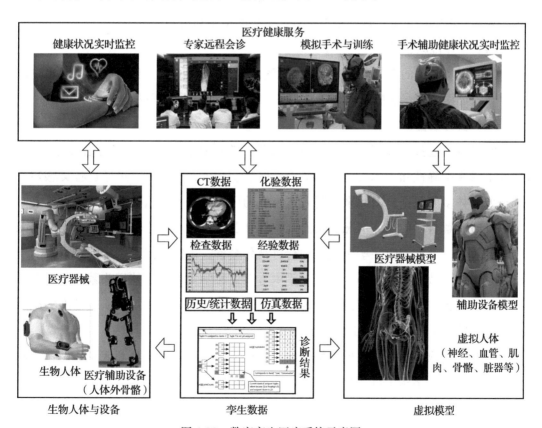

图 4-22　数字孪生医疗系统示意图

基于数字孪生五维模型的数字孪生医疗系统主要由以下部分组成。

（1）生物人体

通过各种新型医疗检测和扫描仪器以及可穿戴设备，可以对生物人体进行动态、静态多源数据的采集。

（2）虚拟人体

基于采集的多时空尺度、多维数据，通过建模可完美地复制出虚拟人体。其中，由几何模型体现人体的外形与内部器官的外观和尺寸；物理模型体现的是神经、血管、肌肉、骨骼等的物理特征；生理模型体现的是脉搏、心率等生理数据和特征；而生化模型是最复杂的，要以组织、细胞和分子的多空间尺度，甚至以毫秒、微秒数量级的多时间尺度展现人体生化指标。

（3）孪生数据

医疗数字孪生数据有来自生物人体的数据，包括 CT、核磁、心电图、彩超等医疗检测和扫描仪器检测的数据，血常规、尿检、生物酶等生化数据；有虚拟仿真数据，包括健康预测数据、手术仿真数据、虚拟药物试验数据等。此外，还有历史 /统计数据和医疗记录等。这些数据融合产生诊断结果和治疗方案。

（4）医疗健康服务

基于虚实结合的人体数字孪生，医疗数字孪生提供的服务包括健康状态实时监控、专家远程会诊、虚拟手术验证与训练、医生培训、手术辅助、药物研发等。

（5）实时数据连接

实时数据连接保证了物理虚拟的一致性，为诊断和治疗提供了综合数据基础，提高了诊断准确性和手术成功率。基于人体数字孪生，医护人员可通过各类感知方式获取人体多源数据，以此来预判人体患病的风险及概率。依据反馈的信息，人们可以及时了解自己的身体情况，从而调整饮食及作息。一旦出现病症，各地专家无须见到患者，可基于数字孪生模型进行可视化会诊，确定病因并制定治疗方案。当需要手术时，数字孪生协助术前拟定手术方案；医学实习生可使用头戴显示器在虚拟人体上对预定的手术方案进行验证，如同置身于手术场景，可以从多角度尝试手术过程、验证可行性，并改进到满意为止。

借助人体数字孪生，还可以培训医护人员，以提高医术技巧和成功率。在手术实施过程中，数字孪生可增加手术视角及警示危险，预测潜藏的出血隐患，有助于临场的准备与应变。

在人体数字孪生体上进行药物研发，结合分子细胞层次的虚拟模型进行药物实验和临床实验，可以大幅度降低药物研发周期。医疗数字孪生还有一个愿景，即从孩子出生后就可以采集数据，形成人体数字孪生体以伴随孩子同步成长，作为孩子终生的健康档案和医疗实验体。

从以上讨论中，我们可以得出以下几点结论：

- 智能医疗应用可以建立"保健、预防、监控与救治"为一体的健康、养老服务管理与远程医疗的服务体系，使广大患者能够得到及时的诊断、有效的治疗；
- 智能医疗将逐步变"被动"的治疗为"主动"的健康管理，智能医疗的发展对于提高全民医疗保健水平意义重大；
- 基于 AIoT 的云计算、大数据、人工智能、机器人、数字孪生等新技术在智能医疗中的应用，可以大大提升医疗诊断、救治、手术、康复与保健技术水平，造福于人类；
- 智能医疗关乎全民健康管理、疾病预防、患者救治，是政府与民众共同关心、涉及切身利益的重大问题。因此，智能医疗一定会成为 AIoT 应用中优先发展的技术与产业。

4.5　智慧城市

4.5.1　智慧城市的基本概念

在讨论了智能工业、智能电网、智能医疗、智能交通等典型的 AIoT 应用之后，再讨论智慧城市的问题就方便多了，因为这些应用都属于智慧城市研究的主要内容。

智慧城市是一个涵盖内容极为丰富的概念，我们很难给它下一个准确的定义。社会目前形成的共识是：智慧城市是指在一个城市中将政府职能、城市管理、民生服务、企业经济通过智慧城市这个大平台融为一体，采用信息化、物联化、智能化的科技手段，对城市的社会经济、综合管理与社会服务资源，进行全面整合和充分利用，为城市的社会经济可持续发展，为城市综合管理和社会民生服务，为保障我国城镇化健康地发展、建立和谐社会提供一个可实施的途径和强有力的技术支撑。因此，智慧城市是"运用新一代信息技术，促进城市规划、建设、管理、服务智能化的新理念与新模式"。

要理解智慧城市的概念，需要注意以下几个问题。

（1）现代城市的"三个空间"与"三种资源"

社会学家总结出的规律是：在工业化社会，城市建设主要考虑物理空间，比如土地、水资源是多少，相应的生活空间，即承载的人口、产业结构等。进入信息化社会，现代城市建设考虑的是如何融合三个空间与三种资源，三个空间是物理空间、生活空间、数字空间，三种资源是物质资源、人力资源、数据资源。智慧城市就是以三个空间与三种资源为基础，创新城市建设的新理念。

（2）数据成为智慧城市建设的战略资源

数据利用能力是人类社会进步的重要标志，而数据资源的多少、利用水平的高低、配置与共享能力的强弱，将成为城市的核心竞争力。数据对现代城市建设的重要性逐渐呈现出替代传统的土地、资金、能源的效应，成为智慧城市建设至关重要的战略资源。

（3）多种新技术在智慧城市建设中呈现出融合、集成、创新的局面

AIoT、5G、云计算、大数据、AI、区块链、数字孪生等新技术开始应用到智慧城市建设之中。AIoT 使城市中的"万物互联"成为现实；5G 成为覆盖城乡、连接世界的"信息高速公路"；云计算成为城市重要的"信息基础设施"；大数据成为城市发展重要的"战略资源"；人工智能成为城市新的"数字生产力"；区块链成为重塑城市"信任体系"的利器；城市数字孪生体与物理城市精准映射，实现"虚实融合""以虚控实"的功能。多种新技术在智慧城市建设中呈现出集成、融合、创新的新格局。

4.5.2　数字孪生城市的基本内涵

人类几千年的文明史，也是人口不断向城市集中的历史。伴随着城市人口的快速增长，城市建设面积紧缺、资源匮乏、环境恶化的问题日益突出。在深刻总结国内外发展经验教训、深入分析国内外发展趋势的基础上，我国政府提出了"创新、协调、绿色、开放、共享"的发展理念，学术界提出了建设智慧城市的五大发展思路。

- 新目标：以城乡一体、人与自然一体的"绿色协调"发展为智慧城市的长远目标。
- 新思路：以"创新一体化机制"为推进智慧城市建设的基本思路。
- 新原则：以人民为中心作为智慧城市建设的基本内涵。

- 新内涵：以信息数据等社会资源"开放共享"为基本原则。
- 新方法：以坚持"分级分类"推进智慧城市建设为基本方法。

智慧城市建设的核心问题是：在顶层设计与规划的基础上，将多个关乎经济与社会发展、惠及民生的智能城市服务系统融合起来，实现对城市各类数据信息的实时采集、融合、处理和利用。数字孪生城市为智慧城市的建设指出了新的研究方向。

借助数字孪生技术、参照数字孪生五维模型构建数字孪生城市，将极大改变城市面貌，重塑城市基础设施，实现城市管理决策协同化和智能化，确保城市安全、有序运行。数字孪生城市的基本概念如图 4-23 所示。

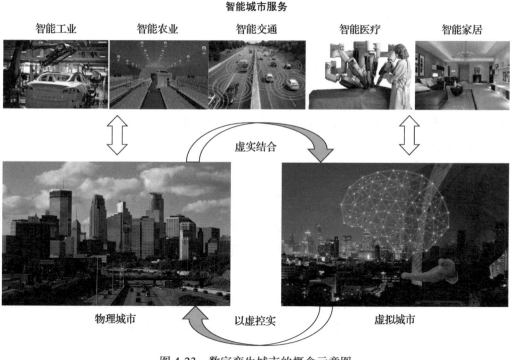

图 4-23 数字孪生城市的概念示意图

4.5.3 数字孪生城市研究的基本内容

数字孪生城市研究包括以下几个基本内容。

（1）物理城市

通过在城市的空间、地面、道路、桥梁、建筑物、地下管道、水域、河道等各个部位部署的大量传感器与执行器，对城市中人与物、交通与能源、环境与治安状态，实现对城市运行状态的实时感知与动态监测。

（2）虚拟城市

通过数字化建模建立与物理城市相对应的虚拟模型，虚拟城市可仿真城市中的人、事、物、交通、环境等全方位事物在真实环境下的行为；仿真不同管理方法与服务措施的效果；分析、预测城市工农业生产与服务业的近期与远期发展趋势；预警可能发生的公共安全与公共卫生突发事件，以及相应的对策与处置方案。

（3）城市大数据

根据城市经济、文化、社会发展、政府管理，以及交通、资源、环境、治安、健康、工农业生产、公共基础设施的静态与动态数据，汇聚成城市大数据，形成虚拟城市在信息维度上对物理城市的精确信息表达与映射。

（4）虚实交互

城市规划、建设及民众的各类活动，不但存在于物理空间中，而且在虚拟空间中得到了极大的扩充。在未来的数字孪生城市中，可以搜索到城市实体空间中可观察的各种信息，包括城市规划、城市建设、民情的各类数据，都能够在虚拟空间中得到极大扩充，形成虚实交互、以虚控实的城市发展新模式。

（5）智能服务

通过数字孪生对城市进行规划设计，指引和优化物理城市的市政规划、生态环境治理、交通管控，改善市民服务，赋予城市生活"智慧"。通过数字空间再造一个与物理城市完全对应的数字城市，实现城市全要素的数字化与虚拟化、全状态的实时化与可视化、运行管理的协同化与智能化，实现物理城市与虚拟城市的虚实融合与并行运转。

数字孪生技术是实现智慧城市的有效技术手段，借助数字孪生技术，可以提升城市规划质量和水平，推动城市设计和建设，辅助城市管理和运行，让城市生活与环境变得更好。

4.5.4 数字孪生城市研究的发展与面临的挑战

1. 我国数字孪生城市研究的发展

中国政府高度重视城市信息化的建设，从 1995 年的"九五"规划开始，经历了20 多年建设，投入了大量人力与物力，推动了城市信息基础设施的建设与信息技术应用的发展。《物联网"十二五"发展规划》确定和推动了智能工业、智能农业、智能物流、智能交通、智能电网、智能环保、智能安防、智能医疗与智能家居等九大领域的应用，奠定了智慧城市建设的坚实基础。

随着云计算、大数据、智能技术的集成、创新，我国政府将数字孪生城市作为实现智慧城市的必要途径和有效手段，坚持数字城市与现实城市的同步规划、同步建设。

我国科技界与产业界都高度重视数字孪生城市的理论研究与工程实践。2018年，阿里云研究中心发布的《城市大脑探索"数字孪生城市"白皮书》（以下称为白皮书），提出通过建立数字孪生城市，以云计算与大数据平台为基础，借助 AIoT、人工智能等技术手段，实现城市运行的生命体征感知、公共资源配置、宏观决策指挥、事件预测预警等，赋予"城市大脑"（ET）。

白皮书中指出，一个城市最具战略价值的应是数据，城市治理的本质是网络协同。近 20 年来，我国智慧城市建设花费巨资，却没有根治"城市病"。单一的硬件投入解决不了的三大问题是：数据多但是效果差，单点强但是全局弱，技术新但是落地少。

白皮书中提出成为"城市大脑"的三个标准是：
- 整体认知，能够实时处理人所不能理解的超大规模全量多源数据；
- 机器学习，能够从海量数据中洞悉人所没有发现的复杂隐藏规律；
- 全局协同，能够制定超越人类局部次优决策的全局最优策略。

随着我国城镇化的发展，提升城市密度是必由之路。2016 年发布的《2016 年世界城市状况报告》指出，未来 20 年全球发展中国家的城市，每年都会新增近 7500万人口。为了满足这些人的需求，城市的规模、密度、复杂度将持续上升，若想在多变的挑战中创新突破，实现广大老百姓期盼的"生活不费心，出行不费脑，城市有温度"，智慧城市急需升级到"最强大脑"。

一个城市最具战略价值的资源，不是房地产、不是税收、不是人口，而是数据。在智能时代，数据是政府的治理依据，更是政府与每一位市民之间的感情纽带。数据会告诉我们市民在想什么、需要什么，政府做好哪项工作就能有效地改进服务质量和管理水平。白皮书中提出未来的城市大脑拥有全面、全量、实时的多源大数据，将成为人类认知城市、改造城市、运营城市的强大助手，拥有超越人类的四种"超能力"。这四种"超能力"如下。

第一，机器视觉认知能力，提升城市视频数据价值与感知能力。
- 全面识别路况，"百事通"全景认知。

- 全量视频激活，"算无遗策"全局视野。
- 实时分析事件，"秒懂"安防闪电战。

第二，全量数据平台建设能力，提升城市"数据密度"与"微粒管理"水平。

- 拥有全面、全量、实时的多源大数据。
- 多源数据融合为城市大脑分析奠定基础。
- 数据模型促进城市大脑指标体系的建立。
- 数据工具配套数据治理。

第三，交通网络协同与交通博弈预测能力，大规模动态拓扑网络下的实时计算。

- 城市动态路网的"蝴蝶效应"分析能力。
- 应急车辆在动态交通网络上实现精确路线规划。
- 全城车辆调度与信号灯系统的实时协同。

第四，城市大脑开放平台能力，赋能全球网络人才与城市数字经济产业带。

- 开放的城市大脑平台有助于招商引资。
- 开放生态能够真正解决城市全局治理问题。
- 城市大脑生态圈有利于优化产业结构。

阿里云 ET 城市大脑已在杭州、衢州、澳门、吉隆坡等 11 个城市先后落地。作为全球最大规模的人工智能公共系统，它将孵化出一系列世界领先的技术。

2. 数字孪生城市面临的挑战

数字孪生城市交互囊括了迄今为止几乎所有的信息技术，是一种极其复杂的技术集成创新项目。数字城市孪生对于未来城市规划、建设与管理意义重大，也绝不是一蹴而就的事。

数字孪生城市对应物理城市提供以下五个层次的功能。

- 第一层：模拟。建立物理对象的虚拟映射。
- 第二层：监控。通过 AIoT 感知和采集城市各个参数的变化。
- 第三层：诊断。对多维的大数据进行分析、诊断，城市发生异常状态。
- 第四层：预测。对可能发生的公共安全事件或公共卫生事件进行预测和预警。
- 第五层：控制。实现对城市管理与服务的赋能与实施控制。

数字孪生城市需要有系统的理论研究基础，需要重点研究数据、模型、体系结构等核心问题。理论研究工作者总结出了具体研究的问题，主要包括：仿真城市运行与政府管理模式的城市全要素建模方法、空间语义数据表示与解析、全域数字化标识的规则、全域前端传感器与执行器部署规则、感知信息采集规则与使用权限、城市边缘计算节点设置规则、核心交换网性能需求、多云计算平台协同机制、政府服务模型与各种社会服务模型、实时信息分析与应急处置模型、中长期城市发展预测模型等。

　　由于我国正处于城镇化建设阶段，我们对城市中人与社会、资源、功能、管理、民情之间的关系本身认识有待深化，因此要开展数字孪生城市的规划、设计与建设，必然要经历一个不断探索、深入与演进的漫长过程。

本章小结

1. 我国政府高度重视 AIoT 应用的发展，确定了智能工业、智能农业、智能物流、智能交通、智能电网、智能环保、智能安防、智能医疗与智能家居九大重点发展的应用领域。

2. 工业 4.0 是 AIoT 最重要的应用。传统智能控制技术已经不能满足需求，数字孪生为工业 4.0 的实现提供了新的理论与方法，将会引发多领域技术的集成和创新。

3. 智能电网本质上是 AIoT 与传统电网"融合"的产物。AIoT 技术能够广泛应用于智能电网从发电、输电、变电、配电到用电的各个环节，全方位地提高智能电网各个环节的信息感知深度与广度，极大地提高电网信息感知、信息互联与智能控制的能力。

4. 智能交通将 AIoT、云计算、大数据、AI、5G、无人驾驶技术与光伏、无线充电技术跨界融合，最终实现全面支持自动驾驶，营造一种全新的"智能、安全、绿色、高效"的交通出行环境。

5. AIoT 在智能医疗中的应用，推动智能医疗向"无处不在的医疗""全生命周期关怀"与"精准医疗"的目标迈出了一大步。

6. AIoT 使城市中的"万物互联"成为现实；5G 成为覆盖城乡、连接世界的"信息高速公路"；云计算成为城市重要的"信息基础设施"；大数据成为城市发展重要的"战略资源"；人工智能成为城市新的"数字生产力"；区块链成为重塑城市"信任体系"的利器；城市数字孪生体与物理城市精准映射，实现"虚实融合""以虚控实"的功能。多种新技术在智慧城市建设中呈现出"集成、融合、创新"的新格局。

思　考　题

1. 设想一种智能工业需要用到数字孪生的应用场景。

2. 设想一种智能电网需要用到数字孪生的应用场景。

3. 设想一种智能交通需要用到数字孪生的应用场景。

4. 设想一种智能医疗需要用到数字孪生的应用场景。

5. 设想一种智能医疗需要用到大数据技术的应用场景。

6. 根据你对 AIoT 概念与关键技术的学习，参考本章对 AIoT 典型应用案例的分析，
   请结合自己的认识与体验，选取一个智慧城市中你感兴趣的课题，按以下要求完
   成 AIoT 应用课题的概念性设计。

   （1）课题名称。

   （2）系统功能。

   （3）研究的意义与应用前景。

   （4）系统设计的特点与创新点。

   （5）你今后研发这个项目需要继续学习和掌握的知识与技能。

参 考 文 献

[1]　彼德·马韦德尔.嵌入式系统设计：CPS 与物联网应用（原书第 3 版）[M].张凯龙，译. 北京：机械工业出版社，2020.

[2]　STALLINGS W.现代网络技术：SDN、NFV、QoE、物联网和云计算 [M].胡超，等 译.北京：机械工业出版社，2018.

[3]　刘伟，等.物联网 +5G [M].北京：电子工业出版社，2020.

[4]　解运洲.物联网系统架构 [M].北京：科学出版社，2019.

[5]　杨建军，等.物联网与智能制造 [M].北京：电子工业出版社，2020.

[6]　赵波，等.物联网标准化指南 [M].北京：电子工业出版社，2021.

[7]　彭木根.5G 无线接入网络：雾计算和云计算 [M].北京：人民邮电出版社，2018.

[8]　任旭东，等.5G 时代边缘计算：LF Edge 生态与 Edge Gallery 技术详解 [M].北京：机 械工业出版社，2021.

[9]　谢朝阳.5G 边缘计算：规划、实施与运维 [M].北京：电子工业出版社，2020.

[10]　杨峰义，等.5G 无线接入网架构及关键技术 [M].北京：人民邮电出版社，2018.

[11]　刘耕，等.5G 赋能：行业应用与创新 [M].北京：人民邮电出版社，2020.

[12]　张传福，等.5G 移动通信系统及关键技术 [M].北京：电子工业出版社，2018.

[13]　杨峰义，等.5G 网络架构 [M].北京：电子工业出版社，2017.

[14]　盘和林，等.5G 新产业：商业与社会的创新机遇 [M].北京：中国人民大学出版社， 2020.

[15]　张平，等.6G 需求与愿景 [M].北京：人民邮电出版社，2021.

[16]　刘光毅，等.6G 重塑世界 [M].北京：人民邮电出版社，2021.

[17]　拉杰尼什·古普塔.区块链安全实战 [M].孙国梓，等译.北京：机械工业出版社， 2019.

[18]　LAROSE D T，等.数据挖掘与预测分析（第 2 版）[M].王念滨，等译.北京：清华大

学出版社, 2017.

[19] 罗伯特·斯特科维卡, 等. 大数据与物联网: 企业信息化建设新时代 [M]. 刘春荣, 译. 北京: 机械工业出版社, 2016.

[20] 杨正洪. 大数据技术入门 [M]. 2 版. 北京: 清华大学出版社, 2020.

[21] 杨保华, 等. 区块链: 原理、设计与应用 [M]. 2 版. 北京: 机械工业出版社, 2020.

[22] 陈根. 数字孪生: 5G 时代的重要应用场景 [M]. 北京: 电子工业出版社, 2020.

[23] 高艳丽, 等. 数字孪生城市: 虚实融合开启智慧之门 [M]. 北京: 人民邮电出版社, 2019.

[24] 王见, 等. 物联网之云: 云平台搭建与大数据处理 [M]. 北京: 机械工业出版社, 2018.

[25] 曾凡太, 等. 物联网之智: 智能硬件开发与智慧城市建设 [M]. 北京: 机械工业出版社, 2020.

[26] 陈宇航, 等. 人工智能 + 机器人入门与实战 [M]. 北京: 人民邮电出版社, 2020.

[27] 王云鹏, 等. 智能交通技术概论 [M]. 北京: 清华大学出版社, 2020.

[28] 王桂玲, 等. 物联网大数据: 处理技术与实践 [M]. 北京: 电子工业出版社, 2017.

[29] 吴功宜, 等. 深入理解互联网 [M]. 北京: 机械工业出版社, 2020.